みんなが知りたい！

食虫植物のふしぎ

おどろきの生態と進化

日本食虫植物愛好会 主宰
田辺 直樹 ● 監修

メイツ出版

はじめに

　「植物が虫を食べる！」　そんな植物との衝撃的な出会いは私が小学校2年生のときでした。友人に「虫を食べる植物って知っているか？」と言われて、近所の本屋で花の図鑑を見て、その本の中の食虫植物の不思議な魅力にすっかりとりつかれてしまったのです。
　食虫植物というと熱帯ジャングルの奥深くに生息していて、グロテスクで気持ち悪いというイメージがあるかもしれません。しかし熱帯ジャングルに生えている食虫植物は全体のごくわずかで、ほとんどは私たちの身近に普通に生えているものなのです。そして可憐で美しい花を咲かせるものも多数存在しています。
　我々愛好家は食虫植物が虫を捕まえる瞬間が見たいわけでもなく、食虫植物に餌を与えているわけではないのです。バラやチューリップ、サボテンが好きな人と同じで、虫を捕まえるために巧みに進化したその変わった形に魅力を感じて育てています。

　この本は、食虫植物の特性だけでなく自生地の様子や栽培品の画像、育て方も掲載しております。食虫植物はホームセンターなどでも気軽に購入することができます。ぜひ食虫植物を一度育ててみて、その魅力を感じてください。

2025年　春
日本食虫植物愛好会
会長　田辺 直樹

目次

はじめに ……………………………… 2
この本の使い方 ……………………… 6

第1章 食虫植物の謎を知ろう！ ……… 7

食虫植物ってなに？ …………………………………… 8
食虫植物のしくみって？ …………………………… 10
食虫植物はなぜ虫を食べる？ ……………………… 12
食虫植物は「パイオニア・プランツ」 …………… 14
食虫植物はどんなところに生える？ ……………… 16
食虫植物は世界のどこにいる？ …………………… 18
日本にも食虫植物はいるの？ ……………………… 20
日本の絶滅しそうな食虫植物って？ ……………… 23

コラム 原種と園芸交配種 ……………………… 24

第2章 食虫植物はいったいどうやって虫を捕まえる？ …… 25

食虫植物はどうやって虫を捕まえるの？ ………………… 26
閉じ込み式の虫の捕まえ方って？ ………………………… 28
ねばりつけ式の虫の捕まえ方って？ ……………………… 30
落とし穴式の虫の捕まえ方って？ ………………………… 32
吸い込み式の虫の捕まえ方って？ ………………………… 34
一方通行式の虫の捕まえ方って？ ………………………… 36

Q&A もっと知りたい！ 食虫植物 …………………… 38

第3章 食虫植物図鑑 41

閉じ込み式

- **ハエトリグサ** 42
  - ハエトリグサの育て方 44
  - ハエトリグサの仲間 46
- **ムジナモ** 48
  - ムジナモの育て方 50

ねばりつけ式

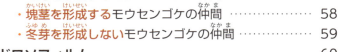

- **モウセンゴケ** 52
  - モウセンゴケの育て方 54
  - 冬芽を形成するモウセンゴケの仲間 56
  - 塊茎を形成するモウセンゴケの仲間 58
  - 冬芽を形成しないモウセンゴケの仲間 59
- **ドロソフィルム** 60
  - ドロソフィルムの育て方 61
- **ムシトリスミレ** 62
  - 温帯低地性のムシトリスミレの仲間 64
  - 温帯低地性のムシトリスミレの育て方 68
  - 温帯高山性のムシトリスミレの仲間 70
  - 温帯高山性のムシトリスミレの育て方 72
  - 熱帯高山性のムシトリスミレの仲間 73
  - 熱帯高山性のムシトリスミレの育て方 75
- **ビブリス** 76
  - 熱帯湿地性の
    ビブリスの仲間 78
  - 温帯乾燥性の
    ビブリスの仲間 79

落とし穴式

ネペンテス（ウツボカズラ） ……………………… 80
- 高温多湿性のネペンテスの仲間 ……………… 82
- 高温多湿性のネペンテスの育て方 …………… 85
- 低温乾燥性・低温多湿性のネペンテスの仲間 …… 86
- 低温乾燥性・低温多湿性のネペンテスの育て方 …… 89

サラセニア ……………………………………… 90
- サラセニアの育て方 …………………………… 92
- サラセニアの仲間 ……………………………… 94

セファロタス …………………………………… 98
- セファロタスの育て方 ………………………… 99

ダーリングトニア ……………………………… 100
- ダーリングトニアの育て方 …………………… 101

ヘリアンフォラ ………………………………… 102
- ヘリアンフォラの育て方 ……………………… 103

吸い込み式

タヌキモ ………………………………………… 104
- タヌキモの育て方 ……………………………… 106
- 冬芽を形成するタヌキモの仲間 ……………… 108
- 冬芽を形成しないタヌキモの仲間 …………… 110

ミミカキグサ …………………………………… 112
- ミミカキグサの育て方 ………… 114
- ミミカキグサの仲間 …………… 116

一方通行式

ゲンリセア ……………………………… 118

食虫植物の自生地に行ってみよう！ ……………… 120
食虫植物を手に入れよう！ ………………………… 122
索引 …………………………………………………… 124
JCPS 日本食虫植物愛好会の紹介 ………………… 126
奥付 …………………………………………………… 128

この本の使い方

この本では食虫植物の特徴と種類を写真とイラストで分かりやすく説明しています。

代表的な食虫植物を紹介

- 植物が虫を捕る方法
- 植物名と学名
- 植物の写真を大きく紹介
- 生育している場所を色で示す
- 植物の代表的な特徴を紹介
- 虫をどう捕まえるのかを解説

紹介した食虫植物の育て方

- 殖やし方、特に気をつけるポイント
- 温度や水、日当たりなど育て方の基本

紹介した植物の仲間の植物

- 同じ仲間の植物の特徴や生育地の情報を紹介

6　(注意)本書に掲載の情報は2025年3月現在のものです。情報は変更される場合もありますので、ご注意ください。

第1章
食虫植物の謎を知ろう！

食虫植物ってなに？

5つの条件を持つものが食虫植物！

　食虫植物は地球上に数多くいる植物のなかでも、虫を捕まえて食べるという、ちょっと変わった生き方をしています。次の5つの条件すべてを満たすのが食虫植物とされています。

条件1　虫をさそいこむ

ただ待っているだけでは虫が寄ってこないので、においなど虫をおびきよせる機能を持つ

条件2　虫を捕まえる

虫を捕まえるための「捕虫器」を持つ。葉が変形したもので、形は種類によってさまざま

条件3 虫を消化する

虫を捕まえると、虫を溶かすために消化液を出す

条件4 消化したものを吸収する

消化された虫の栄養を吸収し、細胞の中に取り込む

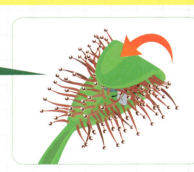

条件5 吸収したものを養分にする

花を咲かせたり…

サンダーソニーの花

種になったり…

サラセニアの種

取り込んだ栄養を、自分の生長に役立てる

第1章 食虫植物の謎を知ろう！

食虫植物のしくみって？

**普段は光合成だけ！
虫を食べるときは
条件を順番に行うよ！**

光合成だけでも食虫植物は生きる

　虫を食べるというと、口や歯がある、動物のようなものを思い浮かべるかもしれません。でも、食虫植物は、普通の植物と同じように葉や茎があり、花を咲かせます。太陽光と水と二酸化炭素から光合成を行うのも同じです。虫を食べなくても、光や水がたっぷりあれば生きることができます。

食虫植物の四季の過ごし方はそれぞれ

　食虫植物はだいたい春から夏に花を咲かせることが多いですが、花を咲かせること自体がまれな種類もいます。冬は、生長を止めて休眠し冬越しする種類、生長を続ける種類の両方がいます。子孫の殖やし方は種子がほとんどです。

食虫植物が虫を食べるしくみ

　植物には別の理由で虫を捕まえる種類はいますが、虫から「栄養を吸収する」のが最大の特徴です。虫の食べ方は、P8〜9で紹介した5つの条件を順番に行っていきます。

10

1 虫を待ちかまえる

虫をおびきよせるために、花や葉の色や形で目立たせたり、においを出したりする。人間にはいいにおいでなかったり、感じ取れないにおいの場合もある

2 虫を捕まえる

「捕虫器」に虫が乗ったら捕まえる。捕虫方法は2枚の葉ではさむ、ネバネバした葉にくっつけるなど、5種類に分けられる

3 虫を消化する

人間は食べ物を胃や腸の消化液で分解する。同じように食虫植物も、虫を捕まえたら消化液を出して溶かし、分解する

4 消化したものを吸収する

虫を消化、分解したら、栄養を吸収。細胞内に取り入れられる。分解できなかった虫の足などのかたい部分はそのまま残る

5 吸収したものを養分にする

食虫植物も花を咲かせたり、種を作って子孫を殖やす。それら生長に必要な養分を、吸収した栄養でまかなう

第1章 食虫植物の謎を知ろう！

食虫植物はなぜ虫を食べる？

もともと育った場所に養分が少なかったから！

食虫植物はいつごろ誕生した？

　食虫植物は現在、世界に12科800種以上がいると言われていますが、どうやって普通の植物から進化したのかがよくわかっていない、謎の植物です。
　そんな食虫植物はいつごろからいたのでしょうか？　そのヒントは化石にあります。はっきり食虫植物だといえるのは、約4100万年前の琥珀の中にいた、ロリドゥラという種類です。今のロリドゥラと同じような腺毛のある捕虫葉が残っており、虫を捕まえていたとされています。この発見から、少なくとも約4100万年前には食虫植物がいたことがわかっています。

食虫植物の生きる場所は過酷

　食虫植物は世界中にいますが、湿地、乾燥地帯、岩場、樹の上で生きる種類もいます。いろいろな環境で暮らしていますが、共通しているのは、地面の栄養がとぼしく、根から栄養がとりにくい場所であること。植物にとっては厳しい場所です。そんな土地で生きられるよう、食虫植物は虫から栄養をとるよう進化していきました。

虫は大切な食虫植物の養分

なぜ、食虫植物は虫を食べるようになったのでしょうか？ それは、食虫植物が生きる場所では、生長するのに十分な栄養がとれなかったからです。
植物が育つためには窒素やリンといった栄養が必要です。食虫植物も同じですが、生息環境が厳しく栄養が吸収できません。そこで目をつけたのが虫。虫の体は窒素やリンをたくさん含んでいます。栄養がほしい食虫植物は、虫から栄養をとろうと、虫を捕えて食べられるように、自分の体を変えていきました。

食虫植物が捕まえるのはどんな虫？

食虫植物が捕まえるのは、ハエ、ガ、ハチ、アリなどの小型の虫や、水中ではプランクトンが多いです。ただ、栄養分さえとれれば虫である必要はなく、トカゲやカエル、ネズミなどの小動物を捕まえることもあります。
虫が少ない場所では、葉に落ちた動物のふんを栄養分にする種類もいます。ときには、においなどで小動物をおびきよせ、ふんをしてもらうこともあります。

食虫植物にもニガテな虫がいる!?

食虫植物にはニガテな虫もいます。たとえばモウセンゴケはナメクジに弱く、ネバネバがナメクジにはきかずに食べられてしまうようです。ほかにも、アブラムシやハダニなどの普通の植物の害虫も敵。捕虫器以外の部分を攻撃してくる虫には弱いのかもしれません。

第1章 食虫植物の謎を知ろう！ 13

食虫植物は「パイオニア・プランツ」

① 食虫植物が生える

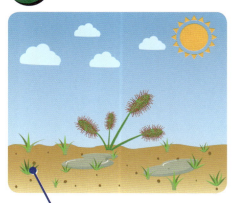

まわりに草がほとんどない

普通の植物が生息できない、養分の少ないやせた土地に、食虫植物が生える。じゃまな植物がいないので、たっぷり光合成ができる

② 虫を捕まえる

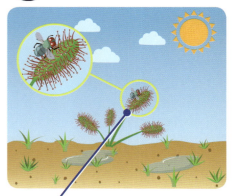

虫が取り付く

食虫植物は、葉から生長に必要な養分を摂取できるようになっている。虫を捕まえて食べることで栄養を補いながら生長し、子孫を殖やす

食虫植物がやせた土地を開拓!?

　食虫植物は光と水と二酸化炭素で光合成をします。ここまでは普通の植物と一緒ですが、違うのは生息場所。普通の植物では生きられない、養分の少ない過酷な場所を選ぶのは、ほかの植物にじゃまされることなく、のびのびと生長できるからです。

　そんな、食虫植物しか生息できない場所でも、長い年月がたつと、枯れた食虫植物が肥料となって、養分の豊富な土地に変わります。このように、やせた土地を栄養豊かに開拓することから、食虫植物は「パイオニア・プランツ」とよばれています。

③ 土に養分が増える

まわりの草がのびる

長い年数がたち、食虫植物の枯れた葉や茎が地面に吸収されて、土地の栄養を豊かにする。根から養分を吸う植物がやってきて、この土地で育つ

④ 食虫植物は枯れる

枯れた食虫植物

普通の植物が大きく生長すると地面に日陰ができる。背の低い食虫植物は、光を浴びることができずに枯れ、やがてその土地では絶滅する

番外編

食虫植物は光合成が得意ではない!?

普通の植物と比べて、光合成の効率がよくない食虫植物もいます。サラセニアなど平たい葉を持たずに光を集めにくかったり、モウセンゴケなど捕虫道具を作って使うのにエネルギーを消費して、光合成用のエネルギーがあまり残せていなかったりと、いろんな場合があります。

第1章　食虫植物の謎を知ろう！　15

食虫植物はどんなところに生える？

栄養分の少ない場所に生えるよ！

他の植物が生息しにくい場所にいる

　食虫植物の根は普通の植物より小さいことが多いです。それは、生育場所が栄養分の少ない土地なので、根から養分の吸収が難しいからです。一方で、普通の植物には立派な根があり、根を使って地面から養分を吸い上げることが必要。そのため、普通の植物は食虫植物と同じ環境だと生きることができません。
　また、害になる成分が入った土地や、日光が強すぎる土地など、普通の植物にとって生きづらい場所も、食虫植物には適した生育環境になります。

湿度の高い場所が好きな種類が多い

　食虫植物は世界中のさまざまな環境で暮らしていますが、湿度が高めの場所を好む種類が多いです。食虫植物の自生地で多いのは、湿地や湿原、霧がよく発生するところ、熱帯雨林など。効率よく水分を取り込めるからです。
　ネバネバを出す種類は、湿度がないとネバネバが乾いてしまいます。捕虫用の袋に消化液をためている種類も、湿度が低いと蒸発してしまいます。このように、湿度がないと虫捕りの機能が働かなくなってしまう種類もいます。

食虫植物が生息している場所

開けた湿地

水がたまらず、表面をわずかに水が流れている湿地。モウセンゴケやミミカキグサなど、多くの種類が生息

石灰岩などの岩場

石灰岩などの岩場には植物に有害な物質をふくむものがある。普通の植物は住めないのでたっぷり日光を浴びられる

池などの水のなか

水がつねに入れかわっている浅い池の水中も、水生の食虫植物の住みか。たくさんいるプランクトンが栄養源になる

切り立った崖

水がしみ出す切り立った崖では、日当たりや風通しがよく、霧が多く発生する。食虫植物には居心地のいい場所となる

酸性の水の沼

酸性の水がたまった沼も、タヌキモなどの水生の食虫植物には最適。ここにもプランクトンが発生し、栄養となる

熱帯のジャングル

ネペンテスの仲間の多くはジャングル育ち。木が生い茂る中でも、日光がよくあたる場所に生息している

第1章 食虫植物の謎を知ろう！　17

食虫植物は世界のどこにいる？

世界中のいろんな場所で生きているよ！

タヌキモ

タヌキモ属にはミミカキグサの仲間も入れると約220種。南極以外の世界中の湖沼や湿地に生息し、とくに南アメリカは種類が多い

ゲンリセア

赤道近くの熱帯アメリカから南アメリカ、アフリカの赤道に近い地域、マダガスカル島に自生

モウセンゴケ

200種を超えるとされている。熱帯から寒冷の地域まで世界中に分布。オーストラリアに自生する種が多い

世界中で自生している食虫植物

食虫植物は植物自体がほぼ育たない北極や南極、水がとても少ない砂漠以外、世界中に生息しています。とくにモウセンゴケの仲間とタヌキモの仲間は分布域が広いです。南アメリカ大陸北部のギアナ高地は食虫植物の楽園。数多くの種類が確認され、固有種も多く発見されています。

サラセニア

北アメリカ東部・南部からカナダにかけて生息。雑種ができやすく、自然交雑種が多い

ハエトリグサ

アメリカ合衆国のノースカロライナ州からサウスカロライナ州にかけて生息。自生地は保護区になっている

ネペンテス（ウツボカズラ）

東南アジアを中心に分布。アフリカのマダガスカル島やオーストラリアのヨーク岬、インド、スリランカ、セーシェル島にも自生

ムシトリスミレ

ヨーロッパからロシア、日本、メキシコ、南アメリカの高地、北アメリカの平地に自生

日本にも食虫植物はいるの？

日本でもさまざまな場所で自生している！

- ムシトリスミレの仲間
- ミミカキグサの仲間
- タヌキモの仲間
- モウセンゴケの仲間

観察地 愛知県 豊明市沓掛町

赤花を咲かせるナガバノイシモチソウの自生地。保護地域で、毎年8月頃に一般公開される

観察地 群馬県 赤城山地蔵岳

地蔵岳山頂にムシトリスミレが自生。覚満淵の湿地にはモウセンゴケが集まる場所がある

観察地 愛知県 武豊町 壱町田湿地

湿地をふくむ丘の一帯が保護地になっている。モウセンゴケの仲間、ミミカキグサの仲間、ナガバノイシモチソウなど、多くの種類が自生

観察地 愛知県 葦毛湿原

国の天然記念物の湿原。モウセンゴケの仲間やミミカキグサの仲間が数多く自生している

日本で自生している食虫植物

日本でも、北海道から沖縄まで全国各地に食虫植物が自生しています。確認されているのはムシトリスミレ、ミミカキグサ、タヌキモ、モウセンゴケの仲間で、あわせて20種以上とされ、日本にしかいない固有種も存在しています。自生地の中には保護されている地域もあります。

観察地　新潟県　早出峡
険しい山のなかにある自生地。モウセンゴケやムシトリスミレ、チビヒメタヌキモがなどが自生

観察地　北海道　大雪山国立公園沼ノ平
湿原が広がり、ナガバノモウセンゴケなどが自生している

観察地　新潟県・群馬県・福島県　尾瀬ヶ原
3県にまたがった広い湿原で、モウセンゴケの仲間やタヌキモの仲間が多く自生。アヤメ平ではムシトリスミレが見られる

観察地　栃木県　日光連山
女峰山、庚申山、男体山でムシトリスミレの仲間のコウシンソウが見られる

観察地　千葉県　山武市・東金市　成東・東金食虫植物群
数多くの湿原植物を観察できる。食虫植物では、イシモチソウ、ミミカキグサ、モウセンゴケなどが自生し、5月から8月までが見ごろ

第1章　食虫植物の謎を知ろう！　21

日本だけに自生する「固有種」もあるよ！

コウシンソウ

　日本にはムシトリスミレの仲間が多く生息していますが、コウシンソウは栃木県日光にある庚申山、男体山、女峰山、雲竜渓谷にしか自生しない、日本の固有種です。その貴重さゆえに、国の特別天然記念物に指定されています。
　1890（明治23）年に庚申山で発見されたため、その名がつきました。標高は1000m以上、涼しく霧が多い、切り立った崖に生えています。株の大きさは1～2cm、花の大きさも1cmくらいととても小さいため、なかなか見るのは難しい植物です。

フサタヌキモ

　タヌキモの仲間は世界中に広く生息していますが、フサタヌキモは日本だけに自生する、日本の固有種です。水中で暮らし、タヌキモより葉の分かれ方が細かく、捕虫袋がつくことはまれで、花もほとんど咲かせないのが特徴です。
　滋賀県、新潟県、秋田県、岩手県などに自生していますがその数を減らしており、絶滅危惧種に指定されています。

日本の絶滅しそうな食虫植物って？

> モウセンゴケの仲間や
> タヌキモの仲間が
> 絶滅の危機にある！

絶滅のおそれがある日本の食虫植物

もともと食虫植物は、植物の中でも個体数が少ない種です。さらに、水質など生育環境の悪化で数を減らしてしまい、絶滅の危機にひんしているものがいます。日本に自生する食虫植物の中で、15種について環境省から雑滅危惧種に指定されています。

環境省の絶滅危惧種に指定されている食虫植物

モウセンゴケ科
- 絶滅危惧Ⅰ種：ムジナモ
- 絶滅危惧Ⅱ種：ナガバノモウセンゴケ／ナガバノイシモチソウ
- 準絶滅危惧：イシモチソウ

タヌキモ科
- 絶滅危惧Ⅰ種：フサタヌキモ／ヒメミミカキグサ
- 絶滅危惧Ⅱ種：ノタヌキモ／ヤチコタヌキモ／ミカワタヌキモ／コウシンソウ
- 準絶滅危惧：タヌキモ／イヌタヌキモ／オオタヌキモ／ヒメタヌキモ／ムラサキミミカキグサ

絶滅危惧種を守るための取り組み

絶滅しそうな食虫植物の保護活動は日本でも行われています。たとえば、ムジナモの自生地は国内でも1,2か所しか残っていないとされ、そのうちの１つ「埼玉県羽生市の宝蔵寺沼」では保存会を立ち上げ、市内の小中学校でも積極的に保護活動を行った結果、絶滅寸前だったムジナモの数を殖やしました。

第１章 食虫植物の謎を知ろう！ 23

原種と園芸交配種

　食虫植物は、形や性質のおもしろさから人気の植物。専門家が研究するだけでなく、観賞用として一般の人にも栽培されています。現在、流通している食虫植物には、「原種」と「園芸交配種」の2パターンがあります。

　原種はその名のとおり、各地に自生している野生種のことです。一方で、園芸交配種は、人間が別々の品種を組み合わせて作成した種類です。2種類の品種を人工的に受粉（交配）させて、花つきや、株の大きさなど見映えをよくしたり、一般人でも育てやすくして、園芸品種としての価値を高めました。

　たとえばとても人気の高いハエトリグサは、いろんな姿をした野生種がありますが、もともとは1種のみです。しかし、さらに形を変えた園芸品種が多く作られています。また、サラセニアやネペンテス、モウセンゴケなども、園芸的な品種改良が行われ、とても多くの交配品種が作り出されています。

ハエトリグサの原種は形や色がさまざまで、バラエティ豊か

葉の赤さや大きさ、フチのギザギザといった、見映えなどが改良

第2章

食虫植物はいったいどうやって虫を捕まえる？

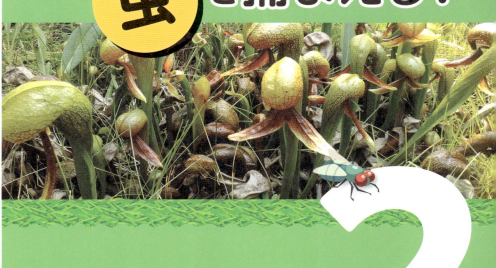

食虫植物はどうやって虫を捕まえるの？

> 種類ごとに
> 工夫されたわなを使って
> 虫を捕まえるよ！

食虫植物は、光合成を行う葉や花など、ふつうの植物が持っている器官のほかに、虫を捕まえる専用の器官があります。食虫植物が生息している環境は、養分の少ない土地や岩場、池のふち、水中、植物が密集しているジャングルなどさまざま。捕れる虫も違うので、それぞれが生息環境に合ったわなを持っています。

食虫植物の虫の捕り方

食虫植物には数多くの種類がいますが、基本的な虫の捕り方はだいたい同じです。においや色で虫をおびきよせ、わなで虫を捕らえ、消化・吸収します。

① おびきよせる

虫が好むにおいや、葉の色を目立たせて、えものをおびきよせる

② わなで捕まえる

えものがわなの上に乗ったり、近づいたりしたら、わなを作動させて捕まえる

③ 消化・吸収する

捕まえると消化液を出し、えものを消化。栄養を吸収する

食虫植物の5種類のわな

食虫植物は、全部で800種類くらいといわれていますが、わなの種類は下の5つに分けうれます。それぞれ、わなの形やしくみが違います。

1 閉じ込み式

えものが来たら、2枚の葉でバチンとはさんで捕まえる方法

2 ねばりつけ式

葉にたくさん生えた、ネバネバした毛を使って捕まえる方法

3 落とし穴式

ツルツルした袋の中にえものを落とし入れる方法

4 吸い込み式

スポイトのように、勢いよくえものを吸い込む方法

5 一方通行式

途中からY字にわかれた葉のすき間から入りこんだえものを、消化する場所まで一直線に進ませる方法

第2章　食虫植物はいったいどうやって虫を捕まえる？

閉じ込み式の虫の捕まえ方って？

虫を葉っぱではさんじゃうよ！

　閉じ込み式では、虫を捕るために葉の一部が進化した「捕虫葉」という葉があります。捕虫葉はふだん、アサリなどの貝を開いたような形をしていて、虫がやってくるのを待ちかまえています。捕虫葉の中にはセンサーの役目をする毛が生えていて、1～2回触ると閉じるしくみ。センサーが反応すると、0.1～0.3秒と、目にも止まらない速さで葉が閉じるので、虫は逃げられなくなります。

閉じ込み式の食虫植物の例

ハエトリグサ（→P.42）

ムジナモ（→P.48）

閉じ込み式はこの2種類だよ

例 ハエトリグサの捕まえ方

1 虫を待ちかまえる

虫が葉にやってくる
葉の出すにおいや、葉の色などにさそわれて、虫が葉の上にのっかる

虫を感知するセンサー
感覚毛とよばれるセンサー。ハエトリグサでは虫が2回触ると反応する

2 虫を捕まえる

葉が虫をはさみこむ
虫が葉の上で動き回り、感覚毛に触れると、瞬時に葉が閉じる

パタン！

3 虫を消化する

ギュウギュウ

葉の閉まる力が強くなる
葉が閉じる力がどんどん強くなり、虫を押しつぶして体液をしぼり出す

虫の栄養をとりだす
葉の消化腺から消化液を出して、虫の体液を消化、吸収する

第2章 食虫植物はいったいどうやって虫を捕まえる？ 29

ねばりつけ式の虫の捕まえ方って？

葉から出すネバネバで虫を離れられなくするよ

ねばりつけ式の葉の表面には、「腺毛」という毛が何百本も生えていて、そこから粘液を出しています。虫が1度葉にとまると、粘液のネバネバで離れられなくなります。例えばモウセンゴケは、虫が逃げようともがけばもがくほど腺毛がからまり、捕虫葉も虫を包みこむように巻き付いていきます。ムシトリスミレでは、さらにたくさんの粘液を出して虫を固定します。そうやって、よけい虫は逃げられなくなるのです。

ねばりつけ式の食虫植物の例

モウセンゴケ（→P.52）　　ムシトリスミレ（→P.62）　　ドロソフィルム（→P.60）

……など

例 モウセンゴケの捕まえ方

① 虫を待ちかまえる

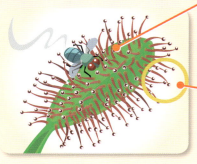

虫が葉にやってくる
葉の色や、葉から出てくるにおいなどにさそわれて、虫が葉の上にとまる

虫を捕るネバネバの毛
腺毛と呼ばれる虫捕り装置。毛の先っぽに粘液の玉がついている

② 虫を捕まえる

ネバネバで虫が動けない
強力なネバネバで葉から離れられなくなった虫は、何とか離れようともがく

もがくほどからみつく
虫がもがくと、刺激を受けた近くの腺毛が虫に向かってとりついてくる

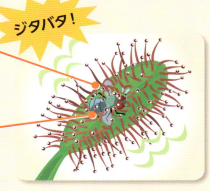

ジタバタ！

③ 虫を消化する

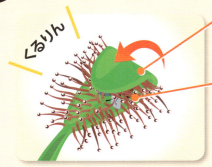

くるりん

葉が虫を包みこむ
捕虫葉が虫を包むように巻きついて、葉の中心へと運ばれる

虫の栄養をとりだす
粘液のかわりに消化液が出てきて、虫の体を溶かし、消化・吸収する

第2章 食虫植物はいったいどうやって虫を捕まえる？ 31

落とし穴式の虫の捕まえ方って？

ツボのようになった葉に虫を落とし込むよ！

　落とし穴式の虫捕り用の葉は、ツボの形に進化しました。袋のようにも見えることから「捕虫袋」と呼びます。袋の入口にフタがついている種類が多く、フタや袋のフチに虫をさそうためのにおいを出す「蜜腺」がついています。やってきた虫は袋のフチにとまり、足をすべらせて袋の中に落っこちます。袋の底は消化液を含んだ水がたまったプールがあり、落ちた虫はそのプールでおぼれて死んでしまいます。

落とし穴式の食虫植物の例

ネペンテス
（ウツボカズラ）
（→P.80）

サラセニア
（→P.90）

ダーリングトニア
（→P.100）

……など

例 ネペンテスの捕まえ方

① 虫を待ちかまえる

虫をおびきよせるしかけ

袋のフタやフチに、蜜腺がついていて、虫をさそうための、いいにおいを出す

フチにとまった虫

フチはツルツルしていて、足をすべらせた虫は、袋の中に落下

② 虫を捕まえる

袋の中はツルツルすべる
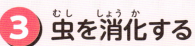

虫が袋のかべをよじ登ろうとしても、ツルツルすべって登れず、いつまでも外に出られない

③ 虫を消化する

力つきた虫が落ちる

かべを登ろうともがいて、力つきた虫は、袋の底にたまった消化液の池に落ちていく

虫の栄養をとりだす

消化液の池でおぼれて死んだ虫の体を溶かし、消化・吸収する

第2章 食虫植物はいったいどうやって虫を捕まえる？ 33

吸い込み式の虫の捕まえ方って？

スポイトのように虫を吸い込むよ！

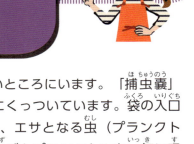

吸い込み式は水中や湿地など、水分の多いところにいます。「捕虫嚢」という虫捕り用の袋が、茎のいろんな場所にくっついています。袋の入口には口ひげのようなアンテナがついていて、エサとなる虫（プランクトン）が触ると、スポイトのようにまわりの水ごとプランクトンを一気に吸い込みます。吸い込むと入口はすぐ閉じるので、プランクトンは逃げられません。袋の中の水は、入口とは別の場所から外に排出されます。

吸い込み式の食虫植物の例

タヌキモ
（→P.104）

ミミカキグサ
（→P.112）

吸い込み式はおもにこの2種類だけど両方合わせて200種類以上の仲間が自生しているよ

例 タヌキモの捕まえ方

1 虫を待ちかまえる

虫を感知するアンテナ
捕虫嚢の入口にくっつくアンテナは、えものをおびきよせる役目ももっている

虫が入る前は縮んでいる
捕虫嚢は中がからっぽのときには小さくなっている。上から見るとぺしゃんこ状態

2 虫を捕まえる

水ごと一気に吸い込む
アンテナにえものが触ると、スポイトのように周囲の水ごと勢いよく吸い込む。捕虫嚢はえものと水でふくらむ

3 虫を消化する

プランクトンを消化・吸収
捕虫嚢の中の「吸収毛」という毛から酵素を出して消化、栄養を吸収。えもののかすで袋がいっぱいになるまで、吸い込みをくりかえす

水は袋から出ていく
捕虫嚢の表面の排水用の細胞から、少しずつ水を出していく

第2章 食虫植物はいったいどうやって虫を捕まえる？

一方通行式の虫の捕まえ方って？

反対方向には進めない通路を持つ葉で虫を捕まえるよ！

　一方通行式の虫捕り用の葉はとても変わっています。ほかの食虫植物はおもに地上に捕虫用のしかけを出していますが、一方通行式では地中に捕虫葉を出します。また、形も複雑。根のように下向きに生える白くて細長い葉は、途中から逆Y字になっていて、その先はねじ曲がったストローのような管になっています。えものはその管の切れこみから入っていきます。管には上へ進むように毛が生えていて、1度入ると外には出られません。

一方通行式の食虫植物の例

ゲンリセア
(→P.118)

一方通行式はこのゲンリセアだけ。ゲンリセアの仲間は20〜30種類ほど存在しているよ

例 ゲンリセアの捕まえ方

3 虫を消化する

虫が捕虫袋に到着

太い管の先には捕虫袋がついている。虫がたどりつくと、かべから消化液が出るしくみになっていて、えものは消化され、栄養が吸収される

捕虫袋

2 虫は奥に進む

消化部分へまっしぐら

Y字の合流点から上は1本の太い管になっている。そこにも上向きの毛が生えていて、逆戻りできない

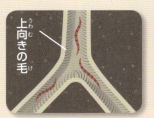
上向きの毛

1 虫を捕まえる

管の切れこみから入る

虫は捕虫葉の管の切れこみから入りこむ。上向きの毛にじゃまされて、下の方に行けずに外に出られない

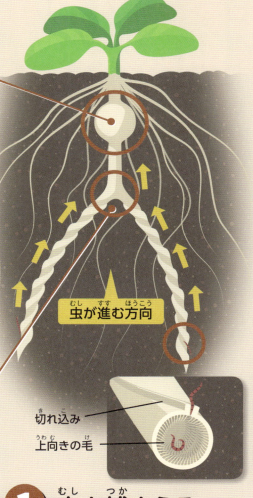
虫が進む方向
切れ込み
上向きの毛

第2章 食虫植物はいったいどうやって虫を捕まえる？

もっと知りたい！食虫植物 Q&A

食虫植物のアレコレを教えるよ！

Q 食虫植物は何度でも虫を捕まえられるの？

回数にかぎりがある種類もあるよ

　閉じ込み式のハエトリグサは、捕虫葉を動かすのにすごいエネルギーが必要。虫を捕るのは4〜5回が限度といわれています。
　また、落とし穴式のネペンテスでは、捕虫袋の寿命が1〜3か月くらいとされています。捕虫袋が枯れるまでは虫捕りできます。

Q 食虫植物は虫をどう消化するの？

虫のかたい部分は残ってしまう

　食虫植物の消化液には、消化をするための酵素がふくまれていて、それが虫の体のたんぱく質を分解します。でも羽や足などのかたい部分は、消化しきれずにそのまま残ります。
　虫の残骸は、ハエトリグサやモウセンゴケでは、風や雨で流されます。捕虫袋がある種類は、袋から出せずに中にたまったまま、袋ごと腐ります。

Q 食虫植物は虫以外のものも食べるの？

昆虫以外を食べられるものもあるよ

食虫植物の消化液はたんぱく質を分解するので、原理的には人間も消化は可能ですが、大きすぎて捕まえられませんよね。しかし、ネペンテスの仲間でも大きなもので、ネズミやトカゲなどを捕まえた例が報告されています。

Q 最も大きい食虫植物は？

ネペンテス（ウツボカズラ）の仲間が世界最大

ネペンテスの捕虫袋はだいたい40cmくらいですが、兵庫県加西市の県立フラワーセンターにある「ネペンテス・トランカータ」はなんと55.5cm！ 世界最大の捕虫袋とされています。ギネスの世界記録にも認定されました。ちなみに「ネペンテス・アルゲンティー」の捕虫袋は2cm前後で、ネペンテスの仲間では最小といわれています。

Q ラフレシアって食虫植物？

ラフレシアは寄生植物

ラフレシアは、大きく口を開けたような姿から、食虫植物に間違われやすいですが、食虫植物ではなく、寄生植物という種類になります。しかも、寄生するのは昆虫ではなく、植物の根です。

ラフレシア

Q 食虫植物以外でも虫を捕る植物ってある？

食べなくても虫を捕る植物がある

食虫植物が虫を捕るのは、自分の栄養にするためですが、それ以外の目的で虫を捕まえる植物がいます。ムシトリナデシコ、モチツツジなどは、花を虫に食べられないように、葉や茎、花の根元などに粘液を出して虫を捕まえます。

また、受粉を確実に行うために虫を捕る植物もいます。ランの仲間は、匂いなどでおびきよせて、いったん粘着力のある花粉のかたまりを虫にくっつけてから外にはなします。

ムシトリナデシコ

Q 食虫植物を育てる土にはどんな種類がある？

おもに5種類の土が使われている

食虫植物には種類がたくさん。それぞれ育つ環境が違うため、長持ちさせるためには、その種類に合った土を使う必要があります。食虫植物を育てる土でよく使われているのは、おもに5種類です。

ミズゴケ
保水力と水はけがよい。乾燥状態で売られているので、水でふやかす必要あり

鹿沼土
水や空気を保ちし、病原菌の発生を防ぐ性質がある。赤玉土よりも崩れにくい

赤玉土
粒状の形。通気性や水はけ、保水性のバランスがよく、肥料成分を含まない

ピートモス
苔などの植物が腐り蓄積した、泥炭を乾燥したもの。吸水性、通気性がよい

軽石
通気性と水はけをよくするため、植木鉢の底にしくほか、土に混ぜて使うことも

第3章
食虫植物図鑑

3

閉じ込み式

ハエトリグサ

学名：Dionaea muscipula

ハエトリグサの生息地

自生しているのはアメリカ合衆国のノースカロライナ州と、サウスカロライナ州の2か所のみの固有種。日本と同じような四季がある場所で、気候は温暖。

ハエトリグサはこんな植物

葉の中にセンサー
葉の中には感覚毛というセンサーの役割をする毛があり、この毛に2回ふれると葉が閉じるしくみ。その後、消化液が分泌され、虫が分解される

貝殻のような葉
葉は地上から直接放射状に生え、貝殻を2枚開いたような葉をつける

フチにトゲトゲ
葉のふちのくしの歯のような突起で、葉が閉じると虫が出られなくなる

閉じ込み式

虫をつかまえる方法

1 葉をパカッと開いて虫を待ちかまえる

2 虫が来たら……

3 パクんと閉じて虫が出られないようにする

第3章 食虫植物図鑑　43

ハエトリグサの育て方

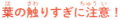

葉の触りすぎに注意！
閉じたり開いたりをくり返すと、葉っぱは疲れて、枯れてしまうよ

温度

夏の暑さにも、寒さにもそこそこ強い植物です。0℃以下にならなければ屋外に置いておいても大丈夫。逆に冬も暖かい場所に置いておくと生育を続けるため、春に枯れることがあります。

冬は0℃以上に

日当たり

ハエトリグサは日差しが大好き。秋、冬、春から梅雨明けまでは日当たりや、風通しのよい場所に置きます。真夏だけは直射日光にあてないように日陰になる場所に置きましょう。

夏は日陰

土

観葉植物用の土はNG。保水性、吸水性のある土が適しています。おすすめはミズゴケです。これは古くなるとかたくなり、吸水も悪くなるので、毎年植え替えます。

ミズゴケがベスト

44

水やりや肥料はいる?

湿地にいる植物なので、土の乾燥は厳禁。つねに湿らせておきます。受け皿に水を張りその中に鉢を置きます。水の高さは1cmくらいが目安。肥料は必要はありません。

受け皿の水は浅め

どうやって殖やす?

植え替えは成長が止まる寒い時期で。株分けか種をまくことで殖やせます。株分けは大きく成長した株の周囲にある子株を分けます。種は花が咲いた後に採れます。

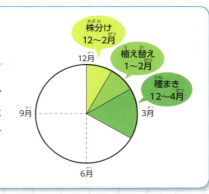

株分け 12〜2月
植え替え 1〜2月
種まき 12〜4月

閉じ込み式

花は咲くの?

咲く時期 5〜7月

株の中心から花の茎（花茎）を長くのばし、その先に2cmほどの小さな花をつけます。花茎を高くするのは、花を目立たせて、虫に受粉をしてもらうためです。

第3章 食虫植物図鑑　45

ハエトリグサの仲間

ハエトリグサはもともとは1種のみしか存在していない食虫植物です。しかし、原種、または野生種とよばれる、野生に生えているものはいろんな姿をしています。

たとえば捕虫葉の色。内側が全面真っ赤なものもあれば、赤が薄くて黄色っぽいもの、ほとんど緑のものもあります。また、葉の全体を見ると、地面すれすれに広がっているもの、立ち上がっているものなどさまざまです。

ハエトリグサには『原種』のほかに『園芸品種』というジャンルの種類があるよ

ハエトリグサの原種（野生種）

捕虫葉のなかはほとんど緑色

赤みが強い捕虫葉で、葉が立ち上がっている

捕虫葉は中心が赤でまわりは黄色

ハエトリグサは姿がおもしろく、虫の捕まえ方も見ていて飽きない、食虫植物の代表選手。とても人気があり、自分で育ててみたいと思う人が多い種類です。そのため、普通の人が育てやすく、捕虫葉を大きくして見映えがするように、人間の手で改良された園芸品種が多く作られています。これらの多くは、原種（野生種）同士をかけあわせてつくられたものや、組織培養の過程で突然変異によりできたものです。

ハエトリグサの園芸品種

ビッグマウス

真っ赤な捕虫葉が、人間の口があいた姿に似ている

トリトン

捕虫葉が緑色で、フチのトゲトゲが小さい

ブリストゥルトゥース

捕虫葉のフチが緑色のフリルのよう

ゼットイレブン

捕虫葉のトゲトゲまで赤くなっている

閉じ込み式

第3章 食虫植物図鑑　47

閉じ込み式

ムジナモ

学名：Aldrovanda vesiculosa

ムジナモの生息地

南北アメリカをのぞくヨーロッパ、アジア、オーストラリア、アフリカなど各地に分布。日本では絶滅が心配されていますが、2023年に新たな自生地が発見されました。

ムジナモはこんな植物

水の中に浮かぶ

根は持たず、水中にふわふわ浮かぶ。春から秋、水面で葉を茂らせ、真夏には葉のわきから白い花を咲かせる

センサーを装備

二枚貝のような形のやや透明な緑色の葉。この内側には毛がたくさん生えていて、獲物が触れるとすばやく葉を閉じる

0.02秒で閉まる！

葉を閉じるスピードは0.02秒。獲物のミジンコやボウフラは逃げられない

閉じ込み式

虫をつかまえる方法

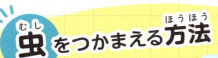

1 葉を開いて水中を漂う

2 葉の中心の毛に虫が触ると…

3 すばやく葉が閉じて虫を閉じ込める

第3章 食虫植物図鑑　49

ムジナモの育て方

ムジナモはさみしがり屋。ホテイアオイやセリなどと一緒に植えると、元気に育つよ

温度

暑さに強い植物だね

夏場の水温でも元気に成長しますが、35度を超えないように気をつけます。水が減ったら水道水を足し、夏は朝夕2回、多めに与えてあげましょう。

日当たり

午後は日陰に

ムジナモは日の光が大好き。栽培容器は午前中、日の良く当たる場所に置きましょう。夏は水温の急上昇を防ぐため、午後は日陰に移したり、容器に日よけをかけて日陰をつくったりします。

容器

水道水でOK

水中がムジナモのすみか。口径30cm以上、深さ20cm以上の容器の底に赤玉土を敷き、一緒に育てる植物を植えます。さらに細かく切った枯れ草を加えて水を入れてから、最後にムジナモを入れます。

30cm以上
20cm以上

冬はどうなる？

11月ごろに冬芽をつくり、水底に沈んで冬を越します。冬の間、水がすべて凍ってしまわないように気を付けます。春になると水面近くまで浮かんできて、発芽します。

寒い日は軒下に

エサはあげないとダメ？

光合成でも成長しますが、ミジンコなどの動物性プランクトンを与えると、一層よく育ちます。できれば、田んぼでミジンコを採取して、容器に入れるといいでしょう。

花は咲くの？

咲く時期 7～8月

真夏のわずかな期間、よく晴れて暑い日が続くと、まれに花が咲くことがあります。葉のわきから花芽を出し、開花時間は正午から2時間程度。大きさ5mmほどの白い可愛い花です。

第3章 食虫植物図鑑　51

ねばりつけ式

モウセンゴケ

学名：Drosera

モウセンゴケの生息地

モウセンゴケの仲間は、極寒のツンドラ地帯から熱帯アジアやオーストラリア、アフリカ、南北アメリカまで、世界中に分布。日本では北海道から九州までの湿地帯に自生しています。

モウセンゴケはこんな植物

「コケ」じゃない！

名前にコケがついているが、花が咲いて種ができる種子植物。一般的な草木と同じ、植物の中でもっとも高等といわれる仲間だ

ネバネバだらけの葉

ヘラ状の葉先には粘り気のある液体を出すたくさんの突起があり、糊のように虫をくっつける

紅葉も楽しめる

秋には葉全体が紅葉。「緋毛氈（赤い敷物）」のように見えることから、その名がつけられた

ねばりつけ式

虫をつかまえる方法

1 虫の好きなにおいで誘う

2 粘液がくっつくと逃げられない！

3 葉が巻きつき、消化液を出す

第3章 食虫植物図鑑　53

モウセンゴケの育て方

冬芽を形成し、栽培が簡単なモウセンゴケの育て方を紹介しよう

☀ 日当たり

雨風に当たっても大丈夫

日の良く当たる場所で育てます。特に春から夏にかけては屋外で管理し、たっぷりと日光を当ててあげます。暑さにはやや弱いので、真夏は半日ほど日に当てる程度にとどめておきましょう。

土

鉢底には軽石を入れよう

湿地に生えている植物なので、保湿性や保水性の良いミズゴケで栽培。水をたっぷり湿らせたミズゴケで根を包み、鉢に差し込んで株がぐらつかないように植え付けます。

💧 水

受け皿に水を張って鉢を沈める腰水は、1年を通して続けます。深さは1cm程度。深すぎると根腐れを起こしてしまうので、水のやりすぎに要注意

54

殖やせるの？

株分けや、葉をミズゴケの上に置いて根や芽を出させる葉ざしで殖やせます。また、花から種を取ることもでき、こぼれ種から芽が出ることもあります。

根伏せしてみよう

冬の水やりは？

秋になると葉が枯れて、冬に休眠に入ります。春になるまでの間も、春夏と同じように水やりは欠かせません。また、室内に取り込まず、外に置いておきましょう。

花は咲くの？

初夏、葉の間から細い茎がヒョロヒョロと数cm伸びてきたら、それが花茎。先端に複数できたつぼみから、5枚の花弁（花びら）がついた白くかわいい花を順番に咲かせます。

咲く時期 7〜8月

第3章 食虫植物図鑑　55

冬芽を形成する モウセンゴケの仲間

四季のある地域で自生するグループ。日本に分布しているものも多く、栽培が比較的簡単です。冬も屋外で育てることができ、ほとんどが殖やしやすい種類。

ナガバノモウセンゴケ
学名：Drosera anglica

その名の通り、モウセンゴケなどに比べて葉が細長い形をしています。日本では限られた場所でしか見ることができない珍しいモウセンゴケで、環境省レッドリストの絶滅危惧種です。好きな場所は水没しそうなほど水の豊かな湿地。長い葉を活かしてチョウやトンボを捕まえることもあります。

米国北部、カナダ、ヨーロッパ、日本では北海道と尾瀬で自生しています。

ナガエモウセンゴケ
学名：Drosera intermedia

長い柄のある葉が特徴です。小さい頃はモウセンゴケそっくりですが、大きくなると茎が伸びます。心ない人によって日本の湿地に持ち込まれ、国内の何か所かで野生化が確認。モウセンゴケの生育場所が奪われる恐れなどがあり、栽培や輸入を禁じた特定外来生物に指定されています。

南北アメリカ大陸やヨーロッパに広く分布。

モウセンゴケ

学名：Drosera rotundifolia

北半球の平地から山岳地帯まで広く分布し、日本では北海道から九州まで全国各地の湿地帯に自生しています。夏になると沢山種子を実らせますが、株は弱ることがあります。また日本でアントシアニンを合成しない（株全体が緑色）の個体が発見されています。

寒さにはそこそこ強いため、冬場に土が多少凍る程度でも育ちます。

コモウセンゴケ

学名：Drosera spatulata

モウセンゴケより一回り小さく、葉の柄の部分がほとんどなく、地面にぺったりと広がった形で成長します。寒くなると葉は枯れて、中心部だけで冬を越します。夏には赤や白の花が咲き、種もよく取れるので、殖やしやすい種類です。

日本では宮城県より南の本州、四国、九州、沖縄の平地に分布。また、台湾や東南アジア、オーストラリアなど、海外にも自生地があります。

トウカイコモウセンゴケ

学名：Drosera tokaiensis

コモウセンゴケと見た目もほとんど変わらず、同じように中心部のみで冬越しします。夏にはピンク色の花が咲き、種もたくさん採ることができます。採取しなかった種は飛び散りやすく、ほかの鉢で芽を出すこともよくあります。

日本の東海地方を中心に自生しています。モウセンゴケとコモウセンゴケとの雑種が起源とされていて、1991年に独立種として認められました。

ねばりつけ式

第3章 食虫植物図鑑　57

塊茎を形成する モウセンゴケの仲間

塊茎とは地下茎の1種で、養分をたくさん蓄えて肥大しています。オーストラリアや南アフリカのほか、日本にも自生する仲間がいます。

イシモチソウ

学名：Drosera lunata

イシモチソウは、日本のモウセンゴケで塊茎を持つただ1つの品種。三日月形の葉から生えた毛がネバネバした粘液を出して、虫を捕まえます。粘液はくっつける力がとても強く、小石を持ち上げるほどの力持ちで、名前もそこからつけられました。春に塊茎から芽を出し、5〜6月に白い花を咲かせます。7月には葉が枯れてしまい、翌春まで長い休眠に入ります。栽培は、日本産のものであれば、冬芽を形成するモウセンゴケと同様です。

関東のごく一部と関西、東海、中国地方に自生地があります。

よく似ているけど、塊茎がない一年草

ナガバノイシモチソウ

茎が立ち上がる姿がイシモチソウと似ていることから、その名がついた一年草のモウセンゴケ。しかし、細長い葉から粘液を出すなど、よく見ると違う点があることがわかります。国内の自生地はたった数か所という珍しい種類。赤い花を咲かせるものがDrosera toyoakensis 白い花を咲かせるものがDrosera makinoiとなりました。

冬芽を形成しない モウセンゴケの仲間

亜熱帯から熱帯地方に分布するタイプ。冬芽はつくらず、休眠もせず、1年中成長を続けます。日本で育てる場合、冬が寒すぎるので温室や水槽を使ってヒーターなどで温める必要がありますが温度管理さえすれば、育てやすい仲間です。

アフリカナガバノモウセンゴケ　学名：Drosera capensis

食虫植物が好きな人にはよく知られている品種で、戦前から栽培されています。南アフリカ原産で、成長すると10cm近くまで伸びる大型の品種。明るい日陰ならば、冬以外は屋外で育てても大丈夫。水不足にならないように、鉢の受け皿には水を張るといいでしょう。冬の低温には注意が必要で、室内で10度以下にならなければ冬も成長し続けます。葉の形や色などが違う種類があるので、集める楽しさも体験できます。

ホームセンターなどでも買えて、栽培も簡単なので初心者におすすめです。

ねばりつけ式

クルマバモウセンゴケ　学名：Drosera burmannii

モウセンゴケの中では小型に分類され、大きくても2cmくらいです。オーストラリア北部の熱帯地方、東南アジア、台湾などの熱帯域に広く分布しています。種子がよく実り隣接する鉢にまで拡散することもよくあります。開花すると株が弱るので一年草として扱います。

戦前から日本で栽培されている品種で、食虫植物好きにはよく知られています。

第3章　食虫植物図鑑

> ねばりつけ式

ドロソフィルム

学名：Drosophyllum lusitanicum

ドロソフィルムはこんな植物

ビブリスに似た形

形はビブリスに似ているが、ビブリスが紫やピンクの花をつけるのに対し、ドロソフィルムの花は黄色

以前はモウセンゴケの1種

「モウセンゴケモドキ」とも呼ばれているが、今はこの植物で1つの種とされている

捕虫力は強力

葉に粘度の強い液を分泌し、虫を捕まえる。しかし、モウセンゴケのように、虫を捕まえたときには曲がらない

ドロソフィルムの育て方

 日当たり

基本的には屋外で育てます。直射日光のような強い光が好きですが、夏は暑さには弱いので、遮光して風とおしのよい場所へ。雨にあたると葉が傷むので、軒下などに置きます。

雨濡れ防止で軒下に

 土

ドロソフィルムは根が弱く、移植は不向き。基本的に植え替えしません。大きめの鉢に種をまきそのまま育てます。2、3年くらい粒の崩れない、小粒と中くらいの粒の土を選びます。

大きめの鉢で育てる

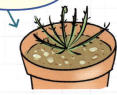

水やりや肥料はいる？

乾燥気味な環境を好みますが、土は乾燥させないようにします。==表面の土が乾き始めたら、水を根元に与えます。==葉に水がかかると傷んでしまうので気をつけましょう。肥料はいりません。

根元だけに水やり

ココ

ねばりつけ式

ドロソフィルムの生息地

スペイン、ポルトガル、モロッコという、せまい地域にのみ自生します。ただ1属で1種類のみの植物です。このあたりは地中海気候の少し乾燥した地域です。

ココ

第3章 食虫植物図鑑　61

ねばりつけ式

ムシトリスミレ

学名：Pinguicula

ムシトリスミレの生息地

ヨーロッパや南北アメリカ大陸などの平野から高地まで広く分布しています。日本にも、「マクロセラス」と「コウシンソウ」の2種類が自生しています。

ムシトリスミレはこんな植物

大きく分けて3種類

生えている場所の違いで、温帯低地性、温帯高山性、熱帯高山性にわかれる

花は小さめ

花の色は白やピンク、赤、紫、黄色と豊富。観賞用に交配されている種も多く存在している

虫を獲るのは葉

茎はのびず、葉に切れ込みはない。ヘリが少し立ったり、丸まったりしている

ねばりつけ式

虫をつかまえる方法

1. 葉や花茎の表面に粘液を出して、虫をつかまえる

2. 粘液はとても多く、葉の表面がぬれているように見える

3. 粘液を出す腺と違う場所に消化液を出す腺がある

第3章 食虫植物図鑑　63

温帯低地性の ムシトリスミレの仲間

主に、北アメリカの米国フロリダ州やアラバマ州などの平地に分布。四季のある温暖な地域で自生しています。

プリムリフロラ

学名：Pinguicula primuliflora

5つの花びらに切れ込みが入り、サクラソウ（プリムラ）のような花を咲かせることから、その名がつきました。温帯低地性の仲間の中で一番育てやすく、人気がある品種です。種が採れるほか、葉の先から小さな芽が出てきて、それを苗として殖やすこともできます。

フロリダ州からミシシッピ州のメキシコ湾岸に自生。日本では戦前から栽培されています。

イオナンサ

学名：Pinguicula ionantha

白と薄い紫色の2つの花色があるイオナンサは、1年を通して屋外で育てることができますが、冬に凍ることがないよう、栽培場所や保温には注意が必要です。春先に花が咲き、種をたくさん採ることができます。種をまくほかに、株分けやミズゴケの上に葉を置く葉ざしで殖やすことができます。

フロリダ州に分布しています。

ルテア

学名：Pinguicula lutea

ムシトリスミレの仲間で唯一、黄色い花を咲かせるため、日本ではキバナムシトリスミレと呼ばれる人気の高い品種です。花びらの切れ込みが深く、10枚の花弁のタンポポそっくりの変種もあります。水をやりすぎると育たなくなるなど、栽培にはコツが必要です。

北アメリカの東海岸からメキシコ湾沿いに、広く自生しています。

プラニフォリア

学名：Pinguicula planifolia

赤い色の葉が目立つプラニフォリア。春先に着ける花は薄紫色で、花びら中央の切れ目が深いのも、ほかとは違っています。人工的に授粉しなければ、種を採ることはできません。同じ品種の中で、葉の形が違うものや緑色のものなどバリエーションがあります。

米国フロリダ州からミシシッピ州のメキシコ湾岸に分布しています。

第3章 食虫植物図鑑 **65**

温帯低地性の ムシトリスミレの仲間

プミラ
学名：Pinguicula pumila

薄紫、紫、ピンク、黄色など花色にはバリエーションがあります。花が咲いた後に枯れてしまうことが多く、日本では一年草として扱われています。殖やすためには人工的に授粉することが必要ですが、発芽率も低く、日本ではあまり普及していません。

北アメリカの東海岸沿いに、広く自生しています。

セルレア
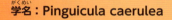
学名：Pinguicula caerulea

網目模様の入った青紫色の花が、春先に開花。開花後に株が弱り、そのまま枯らしてしまうこともよくあります。種で殖やすことができますが、冬芽を形成しないムシトリスミレの仲間の中で、一番育てるのが難しい品種です。

米国ノースカロライナ州からフロリダ州までの海岸沿いの平地に分布しています。

モクテズマエ

学名：Pinguicula moctezumae

赤紫の大きな花がとても目を引くモクテズマエは、葉が細長く10cm近く伸びるのもほかの仲間とは違うところ。栽培は簡単で、花の美しさからも人気がある品種です。冬の寒さに注意すれば、1年中屋外で育てられます。

メキシコのモクテズマエ渓谷だけに自生する固有種です。

エマルギナタ

学名：Pinguicula emarginata

小さいながら、白地に紫のあみ目模様が美しい花を咲かせます。このため、違う品種と掛け合わせる交配種をつくるときによく使われます。葉をミズゴケにさす葉ざしで、殖やすことができます。

エマルギナタはメキシコに分布しています。

ねばりつけ式

ルシタニカ

学名：Pinguicula lusitanica

和名は、ヒメムシトリスミレ。外で育てることもできますが、温室で受け皿に水を張る腰水栽培がおすすめです。春先に咲いた花からは、種がたくさん採れ、こぼれ種からも芽が出ます。

ヨーロッパ地方の海岸沿いや北アフリカに分布しています。

第3章 食虫植物図鑑

温帯低地性のムシトリスミレの育て方

　北アメリカ産を中心にヨーロッパ産やメキシコ産の品種がある温帯低地性のグループは、冬芽をつくらず、育てる環境が似ています。品種によって違う場合もありますが、基本的な育て方を紹介します。

 ## 日当たり

お日様が好きな品種が多いので、半日以上、直接日の当たる場所に置いてあげましょう。多くが1年中、外で育てることができます。ただし、真夏の直射日光は避けて、真冬は凍らないように注意します。

日当たりの良い場所に置こう

 ## 土

たっぷり水分を含むことができるミズゴケを使って、湿り気を保った環境で育てます。砂利などは使わない方がいいでしょう。鉢は素焼きやプラスチック、ビニールポットなど、なんでもOKです。

鉢底石も忘れずに

 ## 水

湿地帯に自生しているので、鉢ごと水につける腰水で水を与えます。水の深さは1cm程度。特に北アメリカ産は、株がひたひたになるほどの深さにします。

水はたっぷり与えよう

植え替えは必要？

やさしく植え替えてね

ミズゴケを清潔に保つために、1年に1回は新しいミズゴケに植え替えます。時期は真夏以外ならいつでも大丈夫ですが、休眠している冬から春が最適です。

どうやって殖やすの？

植え替えの時に株分けを

種をまくか株分け、葉をミズゴケの上に置いて発芽させる葉ざしで殖やします。花が咲いた後、種を採ることができますが、人工的に授粉が必要な品種もあります。

ねばりつけ式

こんな殖え方もある！

不定芽

プリムリフロラなどムシトリスミレの一部の品種は、葉の先から小さな苗（不定芽）ができるユニークな性質を持っています。これをもとの葉から取り外して、新しい株として育てることができます。

第3章 食虫植物図鑑 69

温帯高山性の ムシトリスミレの仲間

　日本や中国、北アメリカ、ヨーロッパの高い山に広く分布しています。冬芽をつくって冬越しをする、涼しい環境が大好きなグループです。

ムシトリスミレ
学名：Pinguicula macroceras

日本や中国、アメリカ北部、ヨーロッパの山岳地帯に分布していて、このグループの代表的な品種。国内では、北は北海道から南は四国の石立山まで、各地の高い山に自生しています。

イイタカムシトリスミレ
学名：Pinguicula macroceras

ムシトリスミレの変種。三重県松阪市飯高町の山林にいくつか自生している場所があり、湿った崖に生えています。

グランディフロラ

学名：Pinguicula grandiflora

ヨーロッパ産の仲間の中で一番育てやすいです。濃い紫色の花を春先に咲かせます。夏の暑さにも強く、殖やすのも簡単です。

コウシンソウ

学名：Pinguicula ramosa

日本にしか生息していない固有種で、栃木県の庚申山や男体山などの霧が立ち込める壁面にだけ生えています。庚申山の自生地は、国の特別天然記念物に指定されています。

第3章 食虫植物図鑑

温帯高山性の ムシトリスミレの育て方

　高い山に自生する品種が集まる、ムシトリスミレの中でも育てるのが難しいグループ。暑さになるべく強い品種を選び、夏の暑さ対策を行います。

日当たり

夏以外は日当たりの良い場所で育てます。夏になったら、太陽の光線が半分ぐらいになるように日差しをさえぎったり、午前中だけ日に当てるようにしたりと、工夫が必要です。

通気性のいい素焼き鉢

土

たっぷり水分を含むことができるミズゴケを使って、湿り気を保った環境で育てます。砂利などは使わない方がいいでしょう。鉢は素焼きやプラスチック、ビニールポットなど、なんでもOKです。

水

湿地帯に自生しているので、鉢を水につける腰水栽培を行います。夏場は水の温度に注意しなければなりません。自動水やり装置を使って水の入れ替えを何度も行うなどして、水温が上がるのを防ぎます。

※注意

冬芽で殖やそう！

休眠しているときにできる冬芽を掘り出すと、まわりに小さな冬芽がいくつもできています。これを別鉢に植えると、春には小さな苗に育っています。

熱帯高山性の ムシトリスミレの仲間

メキシコの標高の高い場所に広く分布しています。冬芽をつくって冬越しをする、涼しい環境が大好きなグループです。

エーレルシアエ

学名：Pinguicula ehlersiae

メキシコのサンルイポトシ州に自生。春先にピンク色の花を咲かせますが、色や形が違うものも多く、白い花などは区別して栽培されます。ジメジメした環境と日光不足は苦手ですが、育てるのが簡単な初心者向けの品種です。

ねばりつけ式

レクティフォリア

学名：Pinguicula rectifolia

フリルのようにヒラヒラ波打つ花びらがかわいいレクティフォリアは、春先から夏にかけて花を咲かせます。メキシコのオアハカ州の山岳地帯に分布しています。暑さ寒さに強く、育てやすい品種です。

第3章 食虫植物図鑑

熱帯高山性の ムシトリスミレの仲間

ロツンディフロラ
学名：Pinguicula rotundiflora

メキシコ・タマウリパス州の2,000m以上の高い山に自生。3月ごろに咲く花はほかにはない丸い形で、とても人気があります。夏の暑さ対策をしてあげれば、それ以外は育てやすく、殖やしやすい品種です。

葉っぱから根が出る！

このグループは、葉っぱを使った葉ざしで殖やします。冬芽の肉厚な葉を株からはずして、別の鉢に葉の根を埋めれば、約1週間で小さな苗ができます。

熱帯高山性の ムシトリスミレの育て方

このグループが自生するのは、雨季と乾季がある高山地帯。日本の冬にあたる乾季には、冬芽をつくって冬を越します。栽培も、水を多くやる時期とほとんどやらない時期に分けると上手に育ちます。

☀ 日当たり

お日様の良く当たる場所で育てます。庭やベランダのほか、室内の日がよく入る窓際もOK。少なくとも半日以上、日光を当てて育てます。

ねばりつけ式

💧 水

受け皿に水

春から秋にかけては、受け皿に水を張る腰水栽培を行います。湿らせすぎは禁物で、土を触って湿っているのがわかる程度に。秋には水やりを控えて、冬芽ができたら水やりは2週間に1度程度にします。

※冬芽が出たら2週間に1回

🔺 土

ムシトリスミレは**根っこがほとんどないんだ**

通気性の良い素焼き鉢に鉢底石を敷き、ミズゴケを押し込むように入れて育てましょう。砂や鹿沼土、軽石などを混ぜたものでもよく育ちます。植え替え時期は1月から2月がベスト。

第3章 食虫植物図鑑

ねばりつけ式

ビブリス

学名：**Byblidaceae**

ビブリスの生息地

オーストラリア北部の熱帯地方と、南西オーストラリアの一部で自生。20年以上前までは2種しか確認されていませんでしたが、近年は新種が次々と発見されています。

ビブリスはこんな植物

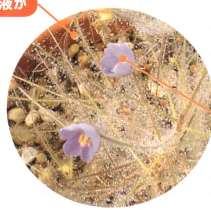

葉につぶつぶの粘液が

8種あるビブリスの仲間は針金や糸のような細い葉をもっている。葉の全面に生えた細かい毛からベトベトした粘液を出している

栽培方法は2つ

栽培方法の違いで、熱帯湿地性と温帯乾燥性の2つの仲間に分けられる

先端にかわいい花

7～9月にかけて、茎の先に3cmほどのピンクや薄紫の花をつける

ねばりつけ式

虫をつかまえる方法

1 葉にびっしりとネバネバ液

2 粘液が小さな虫をつかまえる

粘液には消化酵素がある

第3章 食虫植物図鑑

熱帯湿地帯の ビブリスの仲間

オーストラリア北部の熱帯地方に広く分布。栽培は1年中、温室か水槽に入れて高温多湿で管理し、日当たりの良い場所に置きます。用土はミズゴケのみでOK。いつも水分を十分キープできるように、鉢底を水に沈める腰水を行いましょう。

リニフロラ
学名：Byblis liniflora

熱帯湿地性ビブリスの仲間の中で一番小さく、コンパクトな姿。草丈10cmほどで、約1cmの青紫色の花をつけます。栽培が比較的容易で、種も採りやすく、殖やして楽しむことができます。

フィリフォリア
学名：Byblis filifolia

リニフロラより大きく、数10cmほど立ち上がり、その後は横にはうように広がります。花の色はピンク。栽培方法はリニフロラと同じですが、種ができにくく、人工的な授粉が必要です。

グエホイ
学名：Byblis guehoi

リニフロラの一変種だったものが近年独立しました。キンバリー地方の固有種で丈夫で育てやすいです。リニフロラと同様に腰水して日光によく当てて育てます。自然に結実しにくいので、人工的な受粉が必要です。

ロリダ

学名：Byblis rorida

これも以前はリニフロラの一変種扱いでしたが、近年独立種となりました。育て方はリニフロラと同じです。リニフロラの一群はほかにも地域変異があり、今後新種として独立するものが出てくる可能性があります。

アクアティカ

学名：Byblis aquatica

以前はリニフロラの一変種扱いで、Byblis aff. liniflora "Darwin"という名前が付けられていましたが、近年独立種となりました。育て方はリニフロラと同じです。アクアティカという名の通り、水没するように自生する姿をオーストラリアで見ることができました。

ねばりつけ式

温帯乾燥性の ビブリスの仲間

オーストラリアの南西部にある乾燥地帯に自生する、ギガンテアとラメラータの2種類。自生する環境が似ているドロソフィルム（P60）と同じように栽培します。種から育てるのがおすすめ。1〜3月に種まきをします。日当たりが良くて雨の当たらない場所で栽培し、開花したら人工的に授粉して、種を採りましょう。

ギガンテア

学名：Byblis gigantea

大型種で、大きいものは60cmほどに成長します。花の色は薄紫や紫、白。多年草ですが、花が咲いた後は株が衰弱して枯れることが多いです。

第3章 食虫植物図鑑

落とし穴式

ネペンテス（ウツボカズラ）

学名：**Nepenthes**

ネペンテスの生息地

東南アジアを中心に、オーストラリア北部やインド、マダガスカルなどに分布。高温多湿性、低温乾燥性、低温多湿性のグループに分けられます。

ネペンテスはこんな植物

葉の先に袋が
葉が変化したツボのような袋を持つ。袋の入り口は虫が好きなにおいがして、底には消化液がたまっている

袋の大きさはいろいろ
小さなものでは5cmほど、大きくなると40cmを超える種類も

オスとメスが別
オスとメスは別々の株。大きくなって花をつけるまでは区別がつかない

落とし穴式

虫をつかまえる方法

① ツルツルした袋のエリに虫が

② 足をすべらせて…

③ 袋の底にまで落ちる

第3章 食虫植物図鑑　81

高温多湿性 の ネペンテスの仲間

ネペンテスの中でも、平地を中心に自生しているグループです。年間通して雨が多く、土がいつも湿っているようなところが大好き。栽培のポイントは、日本の冬をどうやって越すか。温室で管理するといった、しっかりした寒さ対策が必要です。

アンプラリア
学名：Nepenthes ampullaria

マレー半島やニューギニヤ、ボルネオなどのジャングルのような湿地などに自生。袋がツボのような形ではなく、まん丸なのが特徴。赤や緑、色鮮やかな斑点、全体が緑で口のまわりだけが赤など、いろいろなタイプがあります。冬は15度以上に温めましょう。

グラシリス
学名：Nepenthes gracilis

ボルネオ島やカンボジア、マレー半島など東南アジアでよく見られ、ジャングルのような湿地帯のほか、道端で雑草のようにも生えています。袋は大きなものでは15～20cmほどに成長することも。大きめの鉢に植えて管理するのがいいでしょう。

スマトラナ　学名：Nepenthes sumatrana

その名のとおり、スマトラ島の海外沿いに自生しています。茎の上の方にできる袋と、下の方にできる袋では形が違います。下の袋はちょっと丸め。どちらもエリの部分が緑と赤のしましま模様で、とてもオシャレな感じです。日光によく当てると元気よく育ちます。

ビカルカラタ　学名：Nepenthes bicalcarata

ボルネオ島にしか自生していないネペンテス。フタの裏から、2本の牙のようなトゲを突き出しています。袋は大きく、体積は1Lを超えるほど。高温多湿の環境が大好きな種類で、冬は20度以上の温度を保って育てます。

落とし穴式

第3章　食虫植物図鑑　83

 **高温多湿性**の ネペンテスの仲間

ミラビリス

学名：Nepenthes mirabilis

東南アジアのほかに、中国南部やオーストラリアのヨーク岬などとても広い地域に自生しています。葉のフチがギザギザで、袋が美しい緑色。また、広い地域で生育しているので、色などが違う種類もあります。高温多湿性のグループのなかでも高い湿度を好みます。

ラフレシアナ

学名：Nepenthes rafflesiana

マレー半島やシンガポール、ボルネオ島などに自生。とくに袋が大きなネペンテスで、自生地ではツルの長さ1m以上になることがあり、栽培しても20～30cmほどに成長します。温室で温度や湿度を管理したほうが、袋が大きくなりやすいといわれています。

高温多湿性の ネペンテスの育て方

🏠 場所

温室があるとベスト

毎日のようにスコールが降る熱帯地域に自生しています。このため、日本で栽培する場合は、温度と湿度を高く保てる温室の中で育てるのが一番の方法です。

🌡 温度

寒いのは大嫌い！

17度以上

年中通して、高い温度をキープできないと、健康に育てることはできません。寒い時期も、最低でも17℃以上をキープしたいものです。温度がそれより下回ると、成長がとまってしまいます。

☀ 日当たり

ガラス越しでもOK

ガラス越しの日光が当たれば、十分、元気に成長します。冬以外は屋外で栽培できる品種もありますが、葉焼けを起こすようなら温室内に入れましょう。

どうやって冬を越す？

温室がない場合は、鉢を大きな水槽や衣装ケースに入れて、冬を越すのがおすすめ。水を入れた容器もいっしょに入れて、熱帯魚用のヒーターを使えば、高い温度と湿度を保てます。

落とし穴式

第3章 食虫植物図鑑　85

 の

ネペンテスの仲間

■ 低温乾燥性ネペンテスの仲間

トランカタ
学名：Nepenthes truncata

袋は2L入りのペットボトルほどにも大きくなり、見ごたえ十分。葉の形も他と違い、相撲の行司が持つ軍配のような形です。冬でも室内で7度以上をキープできれば、無事に春を迎えられます。

フィリピンのミンダナオ島だけに自生しています。

アラタ
学名：Nepenthes alata

日本で古くから栽培されてきた「ヒョウタンウツボカズラ」は、近年、この種の緑色系だとわかりました。冬の寒さにも比較的強く、ネペンテスの中ではそれほど大きく成長しないので、栽培しやすい種類です。

フィリピンを中心に自生しています。

低温乾燥性のグループは標高800〜1500mほどのところに自生し、乾燥や低温に強くて、栽培しやすいことで知られています。一方、低温多湿性の仲間はより高い1500m以上の山岳地帯に分布。栽培には暑さ対策と湿度管理が重要になります。

ベントリコーサ
学名：Nepenthes ventricosa

表面がつるんとした袋をつくり、色は赤や斑点、クリーム色などさまざま。日本では戦前から栽培されている人気の品種です。丈夫で扱いやすい種類ですが、アラタやトランカタよりも、高い湿度の環境で育てることが必要です。

フィリピンのルソン島の山岳地帯に見られるネペンテス。

ビーチー
学名：Nepenthes veitchii

地面をはうタイプと、木に登っていくタイプがあり、フリルのように波打つ華やかなエリは、色や模様のバリエーションが豊富。夏の暑さに強くて育てやすいのですが、加湿には弱いので、水をやり過ぎないように注意しましょう。

ボルネオ島に自生しています。

落とし穴式

第3章 食虫植物図鑑　87

低温乾燥性 低温多湿性 の ネペンテスの仲間

■ 低温多湿性ネペンテスの仲間

ラジャ
学名： Nepenthes rajah

赤く、ギザギザのある大きなエリがとても迫力のあるネペンテスです。現地では自生するものがとても減り、ワシントン条約で輸出が禁止。正規で栽培されたものだけが日本に入ってきます。涼しい気候が好きなので、できれば夏は冷房の効く環境で育てたいものです。

ボルネオ島の1500〜2500mの山岳地帯に分布。

ローウィ
学名： Nepenthes lowii

和名はシビンウツボカズラと呼ばれ、その名の通り尿瓶のような形をしています。この種はツパイ（リスに似た小型の哺乳類）のフンを栄養源にしていることでも有名です。つまり昆虫を捕獲するのではなく、小動物の糞を捕獲して栄養にしているのです。

ボルネオ島固有で多くの山の1650〜2600m地点の雲霧林の尾根に自生します。

どうすれば殖やせる？

さし木で比較的、簡単に殖やせます。枝が長く伸びてくると、葉の根元から新芽が出てきます。これを10〜15cmほどの長さに切って、鹿沼土を入れた鉢にさしておけば根が出ます。

低温乾燥性 低温多湿性 の ネペンテスの育て方

場所

ネペンテスのなかでも、育てやすいのは低温乾燥性のグループ。寒さに比較的強いので、冬以外は屋外に出しておけます。低温多湿性の仲間は暑さに弱いので、夏は冷房が必要です。

日当たり

家の外の明るい日陰で育てます。冬は屋内の窓のそばに置いて、ガラスごしのやわらかい光を浴びせます。エアコンの風が当たると乾燥し過ぎるので、離れた場所に置きましょう。

※冬は窓越し

落とし穴式

水

吊り鉢で育てる場合は、ミズゴケが乾いたら、株の上から水をたっぷりあげましょう。水を張った受け皿に鉢を置くのなら、根が腐らないように、水を1〜2cmだけ入れておきます。

第3章 食虫植物図鑑　89

落とし穴式

サラセニア

学名：Sarracenia

サラセニアの生息地

アメリカ合衆国の東半分を中心に分布。北はカナダ南部や五大湖周辺、南はフロリダ半島まで、平地で開けた日当たりの良い湿地などに自生しています。

サラセニアはこんな植物

カラフルな袋
袋はピンクや黄緑の地色に、赤いストライプや網目が入っているなど、とてもカラフルできれい

葉が袋に変化
筒状に伸びた葉の上の部分は、細長い袋になっている

冬は枯れてしまう
寒くなると地上の葉は枯れてしまうが、株は地下で冬を越し、暖かくなると芽を出す

落とし穴式

虫をつかまえる方法

1 ふたの内側から蜜を出す

2 足がすべった…

3 消化されてしまう

第3章 食虫植物図鑑　91

サラセニアの育て方

暑さにも
寒さにも強い！
日本でも育てやすい
食虫植物の代表
が、このサラセニア

温度

熱帯地域の植物ではなく、寒さにも強いので、冬でもとくに温める必要はありません。ただ、北海道などのとくに寒いところでは、土ごと凍るといけないので、冬には屋内に入れます。

年中、外で大丈夫

日当たり

基本的に、屋外の日当たりのよい場所で育てます。真夏の強い光で葉が焼けたり、株が弱ったりした場合は、半分日陰になるところに鉢を移したほうがいいでしょう。

お日さまが好き

土

水はけと水もちのいい土が適しています。ミズゴケか、鹿沼土やベラボン、パーライトなどを混ぜた土で育てましょう。

ミズゴケが手軽

水やりはどうする？

湿ったところが大好きなので、鉢の下に皿をしいて、2cmほど水を入れておきます。表面が乾いたら、水を入れたバケツのなかに鉢を入れて、たっぷり吸わせます。

受け皿にいつも水

どうやって殖やす？

冬に葉が枯れて休む時期に入ったら、株分けで殖やすことができます。種で殖やすのもOK。秋に種ができたらとっておき、冬を越してからまきます。

お休み中に株分け

落とし穴式

花は咲く？

春になると、株もとからつぼみのついた茎が長く伸びてきます。何本も伸びてきたら、元気のいい1本だけを残すようにしましょう。花はうつむくような形で咲きます。

咲く時期 春〜初夏

第3章 食虫植物図鑑　93

サラセニアの仲間

　サラセニアの原種は、北アメリカでたった8種類しか見つかっていません。ただし、育てやすいこともあって、昔から日本でも品種改良が盛んに行われてきました。いまではいろいろな葉の形や色の品種がたくさん生まれています。

アラタ

学名：Sarracenia alata

ラッパのような葉が40〜60cmほどにもなり、サラセニアのなかでも大型の原種。ほかのサラセニアと同じく、人工的にかけ合わせたものが多く、ラッパの色の模様、毛の生え方などが違う品種がたくさんあります。

アメリカ合衆国のテキサス州からアラバマ州にかけた広い地域や、亜熱帯のフロリダ半島にも自生しています。

フラバ

学名：Sarracenia flava

黄色い花と葉がきれいな大型の原種です。サラセニアの中でもいちばん人気があります。品種改良も進み、葉のすじが赤かったり、すじがほとんど見られなかったり、全体的に赤かったりと、とてもバラエティー豊かです。

アメリカ合衆国のノースカロライナ州やアラバマ州、フロリダ州などにかけた広い地域に分布しています。

レウコフィラ

学名：Sarracenia leucophylla

ラッパのような葉に、細かい網目模様がいっぱい入っているのが特徴の中型の原種です。ここから、日本での名前は「アミメヘイシソウ」です。「ヘイシ（瓶子）」とはお酒を入れる器のことで、ラッパのような葉の形と似ていることから名前がつきました。

アメリカ合衆国のミシシッピー州やフロリダ州、ジョージア州などに広く自生しています。

落とし穴式

ミノール

学名：Sarracenia minor

ラッパのような葉が15〜20cmほどの小型種です。やや南のほうに自生する原種のため、冬は屋内に入れるなど、暖かいところで育てるのがいいでしょう。それだけ気をつけたら育てやすいのですが、種がほんの少ししかならないので、株分け以外ではあまり殖やせません。

アメリカ合衆国のノースカロライナ州からフロリダ州まで分布しています。

第3章　食虫植物図鑑　95

サラセニアの仲間

プルプレア

学名：Sarracenia purpurea

大きくなっても30cmまでの小型種で、ラッパのような葉の入り口にふたがないのがほかの仲間と違うところ。赤紫色のすじがとても目立つことから、日本では「ムラサキヘイシソウ」と呼ばれています。

カナダやアメリカ合衆国の五大湖からニュージャージー州まで広く分布しています。

ルブラ

学名：Sarracenia rubra

それぞれ特徴の違う5つの亜種に分けられ、たとえば、「ルブラ ルブラ」という種類は15〜20cmほどしかありませんが、「ルブラ ガルフェンシス」という名のものは60cm以上にも大きく成長します。「ルブラ ジョネシー」「ルブラ ウェーリー」「ルブラ アラバメンシス」という地域変種が知られています。

北アメリカのさまざまな地域に広く分布しています。

プシタシナ

学名：Sarracenia psittacina

ほかのサラセニアの仲間とは違って、葉が上を向いて伸びないで、タンポポのように地面の近くに広がるのが特徴です。小型の原種で、葉の長さは10〜15cmほど。やや南の地域に自生する種類なので、寒くなったら暖かい場所に移動して冬を越しましょう。

アメリカ合衆国のジョージア州、フロリダ州、ルイジアナ州などに分布しています。

落とし穴式

オレオフィラ

学名：Sarracenia oreophila

フラバ(P94)に似ていて30〜60cm程に成長します。絶滅の危機がある植物として守られていて、輸入することはできません。山地性ということで基本的に寒さに強いのですが、夏の暑さや加湿に弱いので、あまり普及していません。

自生している場所はとても少なく、アメリカ合衆国のアラバマ州東部、ジョージア州北東部などの山だけに分布しています。

第3章 食虫植物図鑑 97

落とし穴式
セファロタス

学名：Cephalotus follicularis

セファロタスはこんな植物

不思議な形
地上に壺が並んでいるような不思議な形をしている

アリを捕食
地上を歩くアリなどを捕食して栄養とする

秋に紅葉
セファロタスの系統によるが、ある程度成長した株だと、秋に寒くなると赤や紫、黒などに紅葉するものがある

セファロタスの育て方

☀ 日当たり

真夏は少しフタを開ける

水槽やプラスチックケースなどに入れ、日光の良くあたる場所で育てます。最低でも半日以上、日のあたる場所で。水槽には水を張り、湿度を高めにします。真夏は水槽のフタを少し開け、真夏以外はフタを閉め高湿度を保ちます。

💧 水

水は1cm〜2cm入れる

水槽等の中に水を1cm〜2cmぐらい入れて、そこに鉢を置きます。セファロタスは湿った場所が好きなので、鉢ごと水に漬けておきます。その水盤の水がなくなったら、水を補給してください。水道水で大丈夫です。

冬の管理は？

最低5度

冬は室内のよく陽の当たる場所に置き、最低5度は維持するように工夫してください。温暖な地域で真冬でも室内が5度を下回らない場合は大丈夫ですが、そうでない場合は、小型の水槽に収納する等の工夫が必要です。

セファロタスの生息地

ココ

日本と同じく、温帯の地中海性気候であるオーストラリア南西部の海に面した海岸線に自生しています。他に似た種のいない1属1種類の植物です。

落とし穴式

第3章 食虫植物図鑑　99

落とし穴式

ダーリングトニア

学名：Darlingtonia californica

ダーリングトニアはこんな植物

まるでコブラ！

筒状の葉の先が丸く膨らみ、付属物が下がった様子は、鎌首を持ち上げたコブラのよう

虫をおびき寄せる罠

鮮やかでよく目立つ付属物が、空を飛ぶ虫を引き寄せる

滑る壁で逃げられない

下を向いた口から入った虫は、つるつるした内部に滑り落ちて、脱出不可能

ダーリントニアの育て方

土

「鉢用の受け皿を使うといいよ」

4～5号の大きい鉢に、ミズゴケを入れて植え付けます。水を必要とする植物なので、2cm程度水を張った容器に鉢を置いて、いつも湿った状態にしておきましょう。

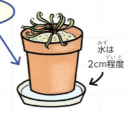
水は2cm程度

日当たり

日当たりの良い場所に置いて、日光をなるべく当ててあげましょう。また、湿度の高いムシムシした場所が好きなので、夏場以外は、温室内や水槽で管理するとよく育ちます。

夏はどうする？

「午前中は半日陰に」

冷涼な場所に自生しているので、日本の夏の暑さが大の苦手。そこで、午前中だけ半日陰に置き、気温が上がるときは扇風機を当てるなどの工夫が必要です。

ダーリントニアの生息地

自生地は、米国カリフォルニア州北部とオレゴン州南部の太平洋沿いの山地に点在。日本の北海道に緯度が近く、年間を通じて涼しい気候に恵まれた地域です。

落とし穴式

第3章 食虫植物図鑑　101

落とし穴式

ヘリアンフォラ

学名：Heliamphora

ヘリアンフォラはこんな植物

筒のような不思議な形
紙の筒が何本も束ねられたようなユニークな形。50cmほどの大型の品種もある

甘い蜜でおびき寄せる
葉の先にあるスプーンのようなふたから蜜を出して、虫を誘う

逃げられない筒の中
筒の下の方は下向きに毛が生えていて、落ちてきた虫ははい上がれない

ヘリアンフォラの育て方

 ## 日当たり

室内のできるだけ日に当たる場所や、温室で栽培するといいでしょう。夏の暑さに弱いので、冷房が必要です。ただし、暑さに負けずに夏を越えられる、冷房いらずの種類もあります。

 ## 水

注意したいのが用土の乾燥。数日おきにたっぷりと水をあげます。できれば腰水はしない方がいいでしょう。水槽や衣装ケースの中で育てると、ヘリアンフォラが好きな湿度の高い環境が作れます。

落とし穴式

交配種を育てよう

栽培が難しいといわれるヘリアンフォラですが、異なる品種を掛け合わせた交配種ならば、==丈夫で育てやすく、初めての栽培にはぴったり==です。

ヘリアンフォラの生息地

コロンビア東部からベネズエラ南部、ブラジル北部などにまたがるギアナ高地が自生地。ギアナ高地は、テーブルマウンテンといわれる断崖絶壁の山が100以上連なり、固有種が多い。

第3章 食虫植物図鑑　103

吸い込み式

タヌキモ
学名：Utricularia

タヌキモの生息地

水の中に浮かぶタヌキモの仲間は、極寒と乾燥地帯を除く、世界中の沼や池、湿地などに分布。日本にも、コタヌキモ、イヌタヌキモなど、ユニークな名前の仲間が各地に自生しています。

タヌキモはこんな植物

水の中でユラユラ

根は持たず、タヌキのしっぽに似た茎を持ち、水中をただよう。長さ1mまで伸びることも

虫をつかまえる袋

2〜5ミリの小さな袋「捕虫嚢」で虫をつかまえる

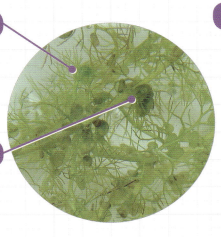

黄色の花が多い

日本に自生しているタヌキモの花は黄色〜クリーム色であるが、海外には紫色の花を咲かせるものもある

虫をつかまえる方法

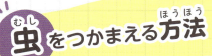

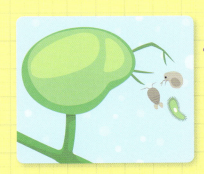

1 ひげで虫を感じる

2 水ごと一気に吸い込む

3 水を出し、虫をゆっくり吸収

吸い込み式

第3章 食虫植物図鑑

タヌキモの育て方

タヌキモは日本でも自生しているので、栽培しやすいよ。**いろいろな水生植物と一緒に育てよう**

🪴 容器

水道水で大丈夫

30cm以上

水槽やバケツなどを使います。直径と深さが30cm以上の、大きな容器がいいでしょう。底に庭の土などを10cmくらい入れ、水を張ります。一緒にヒメガマ、ハナショウブなどの水生植物を鉢ごと沈めます。

☀ 日当たり

長い時間、直接日が当たる屋外に、栽培容器(バケツや水槽など)を置きましょう。真夏は水温が高くなりすぎるので、半日だけ日なたに移します。

🌡 温度

真夏は水温の上がり過ぎと、水の蒸発に注意が必要です。35度を超える気温の日は日陰に移してやり、こまめに水を足します。寒さにも負けませんが、水がすべて凍るようならば室内で育てましょう。

35度以上
日陰

メダカも入れていい?

タヌキモの水槽で困るのが、ドロドロした藻のアオミドロの発生。メダカやタニシはアオミドロが出るのを防いでくれるので、一緒に入れて育てるといいでしょう。

冬はどうなる?

水底で冬を越す

秋には茎が枯れ始めますが、冬芽を作って水底で冬を越します。寒さに強く、水の表面が凍る程度ならば大丈夫。ただし、水がなくならないよう注意しましょう。

ビンでも育つよ

ガラス瓶でも栽培できます。市販のミネラルウォーター(軟水)とピートモスを鍋で沸騰。冷めたら、よく洗ったビンにピートモスを少しとタヌキモを入れて、日の当たらない明るい場所に置きます。

冬芽を形成する タヌキモの仲間

　寒くなると冬芽を作り、冬を越すタヌキモの仲間。冬芽の色や形は違っているものがあり、品種を見分けることもできます。

イヌタヌキモ

学名：Utricularia australis

日本のほぼ全域に自生。海外ではユーラシア大陸、アフリカ、オセアニアに分布。沼や池、水田や田んぼの水路などで育ちます。冬芽の形がタヌキモはまん丸、イヌタヌキモは楕円形であることから見分けがつきます。

ヒメタヌキモ

学名：Utricularia minor

日本全国、そしてアジア、ヨーロッパ、北アメリカに分布。水のきれいな池や沼、湿原の浅い水たまりなどに自生していて、やわらかい泥の中にも茎を伸ばします。

コタヌキモ

学名：Utricularia intermedia

日本を含むアジア、ヨーロッパ、北アメリカに分布し、日本では北海道、本州、九州の浅い沼や池に自生。タヌキモよりも小型種。水底近くにいて、水中の茎は捕虫嚢を持たず、泥の中の茎に捕虫嚢をたくさんつけます。

ヤチコタヌキモ　　学名：Utricularia ochroleuca

名前は「谷地に生育する小さなタヌキモ」という意味で、アジア北東部、ヨーロッパ、北アメリカに自生し、日本では北海道から本州の一部に分布しています。

オオタヌキモ　　学名：Utricularia macrorhiza

日本に自生するタヌキモの中で最大級。長さ1m以上に成長します。日本では北海道の湿地などで、世界ではアジア北東部と北アメリカに自生。水の中をただよい、大小、大きさの違う捕虫嚢をたくさんつけます。

フサタヌキモ　　学名：Utricularia dimorphantha

日本の固有種で、秋田県や岩手県、新潟県、滋賀県など国内数か所しか分布していない、とても珍しいタヌキモの仲間です。多くの自生地が絶滅寸前の状態で、環境省レッドリストの絶滅危惧種に指定されています。細くて柔らかい葉を持っていることからその名がつけられました。

吸い込み式

第3章　食虫植物図鑑　109

 **冬芽を形成する　タヌキモの仲間**

タヌキモ
学名：Utricularia japonica

浮遊性のタヌキモで日本全国に分布し、球形の冬芽を形成して越冬します。近年、イヌタヌキモとオオタヌキモとの交配種であることが分かりました。

冬芽を形成しない　タヌキモの仲間

種を作って翌年、芽を出すものがいたり、枯れずに冬を越すものがいたりと、さまざまな方法で寒さを乗り切るグループ。暑い地域に自生する仲間もいます。

イトタヌキモ
学名：Utricularia exoleta

糸のように細い直径1mmの茎を持つ品種。きれいな水の浅い水中や泥の中で育ち、互いに絡み合ってマットのように広がります。捕虫嚢の数は少しだけ。寒くなっても、すべてが枯れてしまわずに一部が残り、水の中に浮かんだままで冬を越します。

日本では東海、近畿、九州、沖縄に自生地があり、そのほか東南アジアやアフリカに分布しています。

110

オオバナイトタヌキモ

学名：Utricularia gibba

日本には生息していませんでしたが、外国から持ち込まれて一部で野生化。イトタヌキモの環境に悪い影響を与えると、問題になっています。イトタヌキモと似ていますが、花は3倍以上あります。冬の越し方もイトタヌキモと同じで、1年中屋外で育てることができます。

南北アメリカとアフリカに自生。

ノタヌキモ

学名：Utricularia aurea

長いものは1.5mほどに成長し、捕虫嚢もたくさんつけます。日本に自生するタヌキモの仲間の中では、数少ない一年草で、夏から秋に花が咲いて種ができ、その後は枯れてしまいます。生育地が減少していて、環境省レッドリストで絶滅危惧種に指定。インドから東南アジア、オーストラリアに分布し、日本では関東以南の本州と四国、九州に自生。

吸い込み式

エフクレタヌキモ

学名：Utricularia cf. platensis

花が咲くとき、花茎を支えるために浮袋を放射状に作る、ユニークな姿をしています。海外より持ち込まれ、野生化。もともと生息していた植物の生育を妨げるため、日本では2020年に特定外来生物に指定。自生地から取り除く駆除の対象になっています。

殖える力がとても強く、静岡、兵庫、大阪、愛知等で確認されている。

第3章 食虫植物図鑑　111

吸い込み式
ミミカキグサ

学名：Utricularia

ミミカキグサの生息地

ミミカキグサはタヌキモと同じグループ。地上に生えるのがミミカキグサの仲間です。熱帯から温帯地域に広く分布し、湿地や湿った岩場などに生息しています。

ミミカキグサはこんな植物

主役は地中に
地上に生えるミミカキグサは、地中に伸びた茎にできる捕虫嚢で虫を採る

名前のわけは？
花茎に種がくっついている様子が、耳かきにそっくりだから

小さくてかわいい花
品種によって黄色や紫のかわいい花を咲かせ、食虫植物と気づかずに栽培する人もいる

吸い込み式

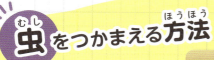

虫をつかまえる方法

1 捕虫嚢の入り口の手前に水をためて虫を待つ

2 ひげに触ったら、水ごと一気に吸い込む

3 虫をゆっくり吸収する

第3章 食虫植物図鑑 113

ミミカキグサの育て方

湿った場所が好きなミミカキグサ。水やりを欠かさずに育てると、夏、かわいい花を咲かせるよ

水

水やりを忘れずに

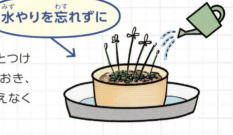

トレーなどに水を1〜2cm入れて、そこに鉢ごとつける腰水栽培で育てます。用土を常に湿らせておき、水がなくならないよう心がけます。肥料は与えなくても大丈夫です。

日当たり

よく日が当たる、風通しの良い屋外に置きましょう。少なくとも半日以上、日光が当たる場所を選びます。薄暗い場所や部屋の中はNGです。ただし、冬は屋内の明るい場所に移してあげます。

土

ミズゴケか、鹿沼土や赤玉土、ピートモスを混ぜ合わせた用土を使うといいでしょう。ミズゴケなら年1回、鹿沼土などは数年に1回、2〜4月の間に植え替えが必要です。

冬はどうなるの？

日本に自生する4種の仲間は、秋には種を実らせて枯れるので一年草として扱います。海外には1年中成長する品種もあり、株分けで殖やすことができます。

※一年草

エサは必要？

太陽にしっかり当たって光合成をしていれば、エサは必要ありません。また、肥料もやらなくて大丈夫です。

※エサ・肥料なし

咲く時期
3〜7月
（品種による）

花は咲く？

上向きに10cmほど花茎を伸ばし、4mmくらいの黄色い花を数個、咲かせます。品種によっては紫や白など色が違い、形もさまざま。いろいろな品種を育てるのも楽しみのひとつです。

吸い込み式

第3章 食虫植物図鑑 115

ミミカキグサの仲間

　秋に実った種はまわりに飛び散って、そのまま冬越し。翌年、新たに芽を出すので一年草として栽培されるグループです。

ホザキノミミカキグサ　　学名：Utricularia caerulea

日本のほぼ全域、海外ではアジアやインド、太平洋諸島に分布。日当たりの良い水のきれいな湿地に生えます。長いもので30cm近くになる花茎が上に伸び、6～9月にかけて薄紫色の花を次々に咲かせます。湿地の開発などで自生地が減っていることが心配されています。

ムラサキミミカキグサ　　学名：Utricularia uliginosa

インドからオーストラリアまで広く分布し、日本では北海道から九州まで自生地があります。ホザキノミミカキグサととても良く似た紫色の花を咲かせますが、よく見ると花や種の形が違っています。花の色は個体差によって色の濃さに違いが出るため、品種を決める基準にはなりません。

ヒメミミカキグサ　　学名：Utricularia minutissima

アジアとオーストラリアに広く分布する品種ですが、日本の自生地は愛知と岐阜のごく限られた地域です。花茎が1cmととても短く、しかも花の大きさも1mm程度。虫眼鏡を使って探さないと、なかなか見つけるのがむずかしい品種です。

ミミカキグサ

学名：Utricularia bifida

ヨーロッパ以外の熱帯から温帯地域に広く生息しています。夏に小さな黄色の花をつけ、花の後の花茎に種がついた姿が耳かきに似ていることからミミカキグサと呼ばれています。

サンダーソニー

学名：Utricularia sandersonii

ウサギの耳のような花びらがかわいいミミカキグサの仲間。南アフリカ原産で、高山地帯の湿地の岩壁に張り付くように自生します。殖やしやすい品種で、小さな花をたくさん咲かせます。明るめの日陰で育て、特に夏は涼しい場所で栽培。水切れしないよう、腰水栽培を行います。寒さには弱いので、冬は室内で育てましょう。

吸い込み式

リビダ

学名：Utricularia livida

アフリカ南部・マダガスカルに分布するものと、メキシコ産の2品種があります。白と薄紫が混ざった丸い花をつけ、メキシコ産はアフリカ産よりも大きめの花です。ホームセンターや園芸店で販売され、国内でも多くの人が栽培しています。どちらもとても丈夫で、よく殖えるので、初心者におすすめの品種です。真夏の強い日差しと、真冬の寒さを避けて育てましょう。

第3章 食虫植物図鑑　117

一方通行式

ゲンリセア

学名：**Genlisea**

ゲンリセアの生息地

30種以上のゲンリセアが、熱帯アメリカ、アフリカ、マダガスカル島に分布。水のきれいな湿地や岩場に自生しています。

ゲンリセアはこんな植物

これは根じゃない！
地下に白い根のようなひげを伸ばすが、じつはこれも葉の一種。しかも逆Y字に分かれたものは捕虫器だ

地上にも葉を広げる
ミミカキグサによく似た、スプーンのような形の葉を地表に広げる

花の色はさまざま
品種によって花の色は違い、黄色や紫、藤色の花を咲かせる

> 一方通行式

虫をつかまえる方法

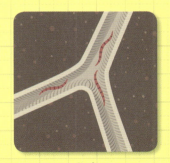

1 らせん状にねじれた二又の葉が捕虫器で、内側に毛が生えている

2 入り込んだ虫は後戻りできない

3 消化腺まで進み、分解される

> 消化腺から消化液を出している

第3章 食虫植物図鑑　119

食虫植物の自生地に行ってみよう！

　食虫植物がどんな場所にどんな姿で生えているのか、自生地で観察してみるのも楽しいものです。自然の中で頑張って生えている姿を見ると、ますます興味がわいてくるかもしれません。

日本編　どこに行けば見られるの？

　P20～21で紹介しているように日本で自生する食虫植物の多くは、おもに水がきれいで日当たりのいい湿地帯で見ることができます。
　またムジナモ（P48）やタヌキモ（P104）は、沼などに自生しています。

ムシトリスミレ（新潟県早出狭）

コウシンソウ（栃木県男体山）

コモウセンゴケ（千葉県茂原市）

ムジナモ（埼玉県羽生市）

モウセンゴケ（三重県上野村）

海外編 どこに行けば見られるの？

海外の自生地はそう簡単に電車や自動車で行くわけにはいきません。かなりハードルが高いですが、不可能ではないです。ボルネオのクチンという都市に3日滞在すれば、10種類以上のネペンテスを観察できます。アメリカのノースカロライナへ行けば、ハエトリグサ、サラセニアなど多数見ることができます。オーストラリアのパース滞在3日で50種類以上のモウセンゴケ等を見ることができます。

詳しいガイド等が居ないと無理ですが、日本食虫植物愛好会では不定期ながらツアーを行っています。

サラセニア フラバ（アメリカノースカロライナ）

ネペンテス ノーシアナ（ボルネオ クチン）

ドロセラ ゾナリア（オーストラリア南西部）

● なにを持っていけばいい？

- ☑ 虫眼鏡 ☑ ノート ☑ 筆記用具 ☑ カメラ（スマートフォンでも）
- ☑ ものさし ☑ 虫よけスプレー ☑ ばんそうこう ☑ 雨具 ☑ 帽子 など

● 注意することはなに？

- ☑ 自生する食虫植物のなかには、国や自治体の天然記念物や絶滅危惧種に指定されている、とても珍しい品種があります。また、地域の人たちが保護している植物もあります。食虫植物を見つけても、花がかわいいからとつみ取ったり、育てたいと持ち帰ったりするのは絶対にやめましょう。
- ☑ 自生地は水辺に近かったり、湿地だったりと危険な場所もあります。必ず、大人の人と一緒に行動しましょう。
- ☑ 観察に適しているのは、開花期の夏の間。熱中症には気をつけて観察しましょう。
- ☑ 自生地によっては、立ち入りが禁止されているエリアがあります。看板や目印などで確認をしておきましょう。

食虫植物の自生地に行ってみよう！

食虫植物を手に入れよう！

　食虫植物は花屋さんやホームセンターなどで売られています。あらかじめ、この本で栽培するために必要な環境などを勉強して、育てられる品種を選んでから、購入するのがおすすめです。

● 食虫植物はどこで買える？

初心者なら、育てやすい品種がそろうこちらで

- **ホームセンターの園芸コーナー**
  最近は、食虫植物を取り扱うホームセンターが増えています。どのような品種があるのか、下見をかねて、見に行くといいでしょう。本や図鑑ではよくわからない植物のサイズ感を知ることもできます。

ホームセンターで売っている品種例
●ハエトリグサ　●モウセンゴケ ●ウツボカズラ　●サラセニア ●ムシトリスミレ　　など

そのほか、こんなところでも

- 園芸専門店
- 花屋さん
- 植物園の売店
- イベントとして行われる「食虫植物展」の販売コーナー　　など

上級者はこんな方法も

- ネット通販
- 愛好団体の分譲を利用
  この本の監修者が立ち上げた日本食虫植物愛好会など、日本には食虫植物のファンが集まる愛好団体がいくつかあります。入会すると集会や通信販売などで苗が安く手に入ります。

● 食虫植物はいつ売っている？

食虫植物は、ホームセンターなどに一年中、並んでいるわけではありません。多くのお店で、4〜5月に発売が始まり、9月ごろには終わります。店に並び始めたころは種類も多く、苗も元気なものがそろっています。夏休みの自由研究のテーマにしようと考えている人も、早めに買いに行く方がいいでしょう。

● 初心者におすすめは？

暑さや寒さに弱い種類は、適した環境をつくるのが大変です。とくに大きくなるものは温室で栽培し、ヒーターやエアコンで温度を調整する必要があります。初めて食虫植物を育てるのならば、日本の気候になじんだ種類を選びましょう。

● 食虫植物を選ぶポイントは？

たとえ育てる品種が決まっていても、いくつも並んで売られていると、どれを選べばいいのか迷ってしまうものです。元気な苗を選ぶポイントは3つ。

❶ 元気な葉っぱのものを選ぼう
緑色が濃く、つやつやとした葉の苗を選びましょう。

❷ 枯れているところがないかチェック
一部が枯れている苗も売られていることがあります。なるべく枯れた部分が少ない苗を見つけます。

❸ ちゃんと湿っているか確認を
多くの食虫植物が湿った環境が大好きです。土を乾燥させずに売られているかどうか、確認しましょう。

食虫植物を手に入れよう！

索引

ア行

- アクアティカ …………………………… 79
- アフリカナガバノモウセンゴケ ………… 59
- アラタ（ネペンテス）…………………… 86
- アラタ（サラセニア）…………………… 94
- アンプラリア …………………………… 82
- イイタカムシトリスミレ ……………… 70
- イオナンサ ……………………………… 64
- イシモチソウ …………………………… 58
- 一方通行式 ……………………………… 36
- イトタヌキモ ………………………… 110
- イヌタヌキモ ………………………… 108
- ウツボカズラ ……………… 19, 39, 80
- エーレルシアエ ………………………… 73
- エフクレタヌキモ …………………… 111
- エマルギナタ …………………………… 67
- オオタヌキモ ………………………… 109
- オオバナイトタヌキモ ……………… 111
- 落とし穴式 ……………………………… 32
- オレオフィラ …………………………… 97

カ行

- ギガンテア ……………………………… 79
- グエホイ ………………………………… 78
- グラシリス ……………………………… 82
- グランディフロラ ……………………… 71
- クルマバモウセンゴケ ………………… 59
- ゲンリセア …………………… 18, 37, 118
- コウシンソウ ………………… 22, 71, 120
- コタヌキモ …………………………… 108
- コモウセンゴケ ………………… 57, 120

サ行

- サラセニア ………………… 19, 90, 121
- サンダーソニー ……………………… 117
- 吸い込み式 ……………………………… 34
- スマトラナ ……………………………… 83
- ゼットイレブン ………………………… 47
- セファロタス …………………………… 98
- セルレア ………………………………… 66

タ行

- ダーリングトニア …………………… 100
- タヌキモ ……………… 18, 20, 35, 104, 110
- トウカイコモウセンゴケ ……………… 57
- 閉じ込み式 ……………………………… 28
- トランカタ ……………………………… 86
- トリトン ………………………………… 47
- ドロソフィルム ………………………… 60

ナ行

- ナガエモウセンゴケ …………………… 56
- ナガバノイチモチソウ ………………… 58
- ナガバノモウセンゴケ ………………… 56
- ねばりつけ式 …………………………… 30
- ネペンテス …………………… 19, 33, 39, 80
- ノタヌキモ …………………………… 111

ハ行

パイオニア・プランツ ……………………………… 14
ハエトリグサ ……………………………… 19, 29, 42
ビーチー ……………………………… 87
ビカルカラタ ……………………………… 83
ビッグマウス ……………………………… 47
ビブリス ……………………………… 76
ヒメタヌキモ ……………………………… 108
ヒメミミカキグサ ……………………………… 116
フィリフォリア ……………………………… 78
フサタヌキモ ……………………………… 22, 109
プシタシナ ……………………………… 97
プミラ ……………………………… 66
プラニフォリア ……………………………… 65
フラバ ……………………………… 94, 121
ブリストゥルトゥース ……………………………… 47
プリムリフロラ ……………………………… 64
プルプレア ……………………………… 96
ヘリアンフォラ ……………………………… 102
ベントリコーサ ……………………………… 87
ホザキノミミカキグサ ……………………………… 116

マ行

ミノール ……………………………… 95
ミミカキグサ ……………………………… 20, 112, 117
ミラビリス ……………………………… 84
ムシトリスミレ ………… 19, 20, 62, 70, 120
ムジナモ ……………………………… 48, 120
ムラサキミミカキグサ ……………………………… 116

モウセンゴケ ……… 18, 20, 31, 52, 57, 120
モクテズマエ ……………………………… 67

ヤ行

ヤチコタヌキモ ……………………………… 109

ラ行

ラジャ ……………………………… 88
ラフレシア ……………………………… 39
ラフレシアナ ……………………………… 84
リニフロラ ……………………………… 78
リビダ ……………………………… 117
ルシタニカ ……………………………… 67
ルテア ……………………………… 65
ルブラ ……………………………… 96
レウコフィラ ……………………………… 95
レクティフォリア ……………………………… 73
ローウィ ……………………………… 88
ロツンディフロラ ……………………………… 74
ロリダ ……………………………… 79

JCPS 日本食虫植物愛好会の紹介

　この本の監修者で、日本食虫植物愛好会会長の田辺直樹が設立した、日本最大の愛好会です。

会の目的

1. 展示会、講習会、情報誌の発行を通じて、食虫植物の知識や栽培技術の向上をはかる。
2. 即売会、通信販売、定期集会を通じて、種苗の普及を積極的に行う。
3. 自生地見学会を通じて、自生地保護活動を支援する。
4. 定期集会、SNSなどを通じて、会員相互のコミュニケーションをはかる。

こんな活動を行っています

- 情報誌の発行
　定期的に年4回、『食虫植物情報誌』を発行しています。栽培記事や質問、自生地探検記事など、食虫植物に関する会員の投稿を掲載。
- 集会の開催
　ほぼ毎月、東京都内数カ所で集会を開いています。栽培方法や海外事情などの情報交換や、会員同士で種や苗の交換などを行います。
- 自生地見学ツアー
　希望者で国内、海外の自生地を見学するツアーを不定期に行っています。これまで国内では男体山（コウシンソウ、ムシトリスミレ）、千葉県茂原（コモウセンゴケ、イシモチソウ）など、海外ではマレーシアやシンガポールなどで実施しました。
- 通信販売　苗や種、ビデオ、書籍を販売。
- 展示即売会
- 講演会　栽培教室などを開催。

会費

　入会金、年会費は無料。情報誌の購読を希望する場合、印刷代と発送費として1,650円が必要です。（情報誌購読会員は、通信販売の利用、販売会への出品、自生地見学ツアーに参加できます）

　情報誌のバックナンバーは1冊300円（送料別）で発送します。

● 写真提供者 (田辺直樹を除く)

ページ	種名	画像提供者
22	フサタヌキモ	石高和弘
47	Triton	大内光洋
47	Big mouth	大内光洋
47	Bristle Tooth	大内光洋
47	Z11	大内光洋
51	ムジナモの開花	救仁郷豊
55	開花　奄美大島	若林　浩
55	花のアップ	大西舜吾
65	ルテア	福田浩司
65	プラニフォリア	増田尚宏
66	プミラ	救仁郷豊
66	セルレア	福田浩司
67	ルシタニカ	救仁郷豊
70	イイダカムシトリスミレ	林　昌宏
71	グランディフロラ	長谷部光泰
78	リニフロラ	増田尚宏
79	ロリダ	大内光洋
79	ギガンテア	中村崇
80	ネペンテス	土居寛文
83	スマトラナ	政田具子
88	ラジャ	政田具子

ページ	種名	画像提供者
88	ローウイ	政田具子
107	冬はどうなる	石高和弘
108	イヌタヌキモ	石高和弘
108	ヒメタヌキモ	石高和弘
108	コタヌキモ	石高和弘
109	ヤチコタヌキモ	石高和弘
109	オオタヌキモ	石高和弘
109	フサタヌキモ	石高和弘
110	タヌキモ	石高和弘
110	イトタヌキモ	大西舜吾
111	ノタヌキモ	田中亮輔
111	エフクレタヌキモ	救仁郷豊
116	ホザキノミミカキグサ	若林　浩
116	ムラサキミミカキグサ	若林　浩
117	リビダ	若林　浩
119	ゲンリセア　各部位の説明	長谷部光泰
120	画像1　コウシンソウ	政田具子
120	画像2　ムシトリスミレ	河村拓生
120	画像3　ムジナモ	救仁郷豊
121	画像6　ネペンテス ノーシアナ	政田具子

※敬称略

● 日本食虫植物愛好会ホームページ
http://jcps.life.coocan.jp/

監修:田辺 直樹

1963年東京生まれ。日本食虫植物愛好会会長。小学校2年生の時に食虫植物と出会って以来、食虫植物の魅力にとりつかれる。簿記受験指導、税務会計の研修などをおこなうかたわら、1993年にプロマジシャンデビュー。多忙の合間を縫って食虫植物に愛情を注ぐ。日本食虫植物愛好会を設立し、通信販売、定例集会、即売会などの実施や機関誌の発行など精力的に活躍。食虫植物国際会議ではオーストラリア、アメリカ、マレーシアでプレゼンテーションを行い、国内外の愛好家との交流も活発に行っている。

企画・制作:イデア・ビレッジ

編集協力／田中敦子(編集工房リテラ)
　　　　　青木千草(イデア・ビレッジ)
イラスト／オノデラコージ　のりメッコ　みどりみず
本文デザイン・DTP／飯岡るみ

Special Thanks ／日本食虫植物愛好会

みんなが知りたい！食虫植物のふしぎ おどろきの生態と進化

2025年4月20日　第1版・第1刷発行

監　修　　田辺　直樹（たなべ　なおき）
発行者　　株式会社メイツユニバーサルコンテンツ
　　　　　代表者　大羽　孝志
　　　　　〒102-0093東京都千代田区平河町一丁目1-8
印　刷　　シナノ印刷株式会社
◎『メイツ出版』は当社の商標です。

- 本書の一部、あるいは全部を無断でコピーすることは、法律で認められた場合を除き、著作権の侵害となりますので禁止します。
- 定価はカバーに表示してあります。

©イデア・ビレッジ, 2025.ISBN978-4-7804-3017-2 C8045 Printed in Japan

ご意見・ご感想はホームページから承っております。
ウェブサイト https://www.mates-publishing.co.jp/

企画担当：堀明研斗